在一样的世界里
世界
发现
不一样的
美丽

孙郡锴 /编著

中国华侨出版社

图书在版编目（CIP）数据

在一样的世界里，发现不一样的美丽 / 孙郡锴编著. —北京：中国华侨出版社，2015.10（2021.4重印）

ISBN 978-7-5113-5610-9

Ⅰ．①在…　Ⅱ．①孙…　Ⅲ．①成功心理－通俗读物

Ⅳ．①B848.4－49

中国版本图书馆CIP数据核字（2015）第185561号

● 在一样的世界里，发现不一样的美丽

编　　著/孙郡锴

责任编辑/文　喆

封面设计/天之赋工作室

经　　销/新华书店

开　　本/710毫米×1000毫米　1/16　印张18　字数223千字

印　　刷/三河市嵩川印刷有限公司

版　　次/2015年10月第1版　2021年4月第2次印刷

书　　号/ISBN 978-7-5113-5610-9

定　　价/48.00元

中国华侨出版社　　北京朝阳区静安里26号通成达厦3层　　邮编100028

法律顾问：陈鹰律师事务所

编辑部：（010）64443056　　64443979

发行部：（010）64443051　　传真：64439708

网　址：www.oveaschin.com

e—mail：oveaschin@sina.com

世界是一样的，但一样世界里的人生却不一样，有的有滋有味，有的枯燥乏味。乏味的原因用一个词就可以概括：禁锢。你禁锢了自己的能量，使其不得以发挥，于是碌碌无为。

当今社会，如果还按照传统的思维方式支配自己的行为，不去打破常规，那就会越走越艰难。因为能否赚钱的关键，并不在于你投资多少，有多少好的产品。关键在于你敢不敢去把握社会发展的先机，开发你的天赋与潜能以智招财。而不是以"苦"换财。人的潜能用得越多，便有越多的潜能可用，成功者只是比普通人多用了一点潜能，而你的潜能可能还没有真正发掘出来。

成功者都有一种近乎不本能的积极态度，那就是抢占生活的先机。不是那些最有才华的人创造了世界上最杰出的成就，而是那些敢于突破禁锢、迎接挑战并坚持不懈的人，才是真正的创造者。你将来会成为什么样的人，要看现在你想成为什么样的人。

大多数人不能突破这种禁锢，是因为从小就熟悉了一种照本宣科、按部就班的环境，习惯把这笼子当成自己世界的全部。这个笼子的厉害之处就在于，即使我们已经知道了它的存在，而且也知道愈在里面"流浪"就愈堕落，可常常在意识上还是看不出来。而且，在我们的内心，这样的笼子有无数个。或许，今天你好不容易从这

个笼子中解脱出来，明天又进入了另外一个，有时看似挣脱出来了，其实又进入了一个更大的笼子。

这些笼子大致包括：懦弱的性格、落后的观念、呆板的思维。很显然，这三大因素是导致人生不能成功的最大障碍。可能很多人也意识到了问题所在，但怎么突破？我们要告诉你的是，每一个笼子的门都没有上锁，笼门就打开着，只是你没有胆量走出去，换言之，不是这天地不够宽，而是你的心不够大。当你跳出了这些禁锢，勇敢地迈出笼门以后，你会看到一个无限自由宽广的世界。

希望越来越多的人能够呼吸到自由新鲜的空气。就像你蹒跚学步时不顾大人阻挠，一定要看看外面的世界一样，走出去了，你就知道这个世界有多少美好的事物在等着你。

目 录
CONTENTS

第一辑　斩断懦弱的根

让人成功的，不是对手有多弱，而是自己有多强。强大的人搏击惊涛骇流而不沉沦，软弱的人纵然在风平浪静中也会溺水。可笑的是，我们总是喜欢给自己找很多理由去解释自己的懦弱，总是掩饰自己内心的恐惧，总是逃避自己的职责。那么，你当然配不上你想要的生活。

第二辑　突破观念的墙

为什么你一直没有成就？

因为你随波逐流，没有主张，不敢一个人作决定；你观念传统、只想结婚生子，然后生老病死；你天生脆弱、脑筋迟钝，只想按部就班地工作；你想做无本的生意，你想坐在家里等天上掉馅饼！你退缩了、你什么都不敢做！你没有特别技能，你只有使蛮力！所以，你永远一辈子碌碌无为。很多人想把握机会，但要做一件事情时，往往给自己找了很多理由让自己一直处于矛盾之中！不断浪费时间，虚度时光。如果能努力突破自我，就会离你想要的生活更近一点。

第三辑　开放思维的门

　　你想改造这个世界，却从不曾想过改造自己，所以，你失败了。人，不能停留在一种固定不变的模式里，也许你认为做某些事好似异想天开，于是不去一试。但是，想象一下当你以一种全新的思维去从事一项充满神奇的活动时，那会是多么有趣的体验。

3 开放思维的门，挤出大脑里的豆腐渣 / 251

第一辑
斩断懦弱的根

让人成功的，不是对手有多弱，而是自己有多强。强大的人搏击惊涛骇流而不沉沦，软弱的人纵然在风平浪静中也会溺水。可笑的是，我们总是喜欢给自己找很多理由去解释自己的懦弱，总是掩饰自己内心的恐惧，总是逃避自己的职责。那么，你当然配不上你想要的生活。

1

是努力拼斗更痛苦，
还是因此留下的遗憾更痛苦

有些人总觉得青春是用来挥霍的，可能够用来挥霍的青春又有多少？生命对于我们来说是短暂的，敢问谁能够挥霍得起？生命不能从挥霍中获得安逸，幸福不能从懒散中开出灿烂的花朵，可能你并不想惊天动地，可总要给后人和社会留下一些有价值的东西。

青春不是年龄，是想要更美好的心

　　走在城市的街道上，常能看到一些匍匐在街边、年轻力壮的"乞丐"，他们并不是缺手缺脚，也绝不是大脑发育不健全，但却甘愿将自己弄得披头散发，穿得破破烂烂。他们就那样用空洞的眼神看着奔波忙碌的人们，高举着扭曲的手，不断地给路人磕头……多数人，甚至不愿多看他们一眼。

　　也许你会说，人家比你有钱！是的，或许他们真的很有钱。前不久就曾看到过一篇报道，某年轻男子装瘸乞讨，已在京购入两套住房。这对于很多北漂的年轻人而言，或许是需要很长时间才能够实现甚至是无法实现的事情，但是，平心而论，这样去对待仅有一次的生命，其意义何在？再说得实在一点，你想要这样的活法吗？

　　生命的光彩是需要绽放的，人生的价值是需要创造的，青春的梦想是需要奋斗的。实在想不出，那些年轻、健康的乞讨者，在他们年老的时候，青春中又有多少东西是值得回忆的。

　　现在，我们年轻，这就是生命最大的资本，因为这个资本，我们可以全力去挑战，全力去奋斗，全力去追逐自己的梦想。但是，又有多少人忽略了这个资本，辜负了生命赐予我们的最宝贵的青春？

现在的你：

是不是整天无所事事，一觉睡到大中午？

是不是，遇到麻烦就躲着走，只要不开心就说做事没感觉，有一点点累就嚷嚷着要休息？

别人学习的时候，你却在网络中闲逛，而当你不得不学习的时候，又开始抱怨时间不够，抱怨竞争的压力太大。

当别人抱着满满的热情为梦想奋斗时，你却在抱怨就业难。要说就业难，或许只是你的就业问题难，如果你真的出类拔萃，就业又怎么会难？是你，浪费了大好的青春，你把比奢侈品还贵的青春践踏得就像尘埃，到头来却又抱怨青春没有回馈给你丰厚的收成。你没有付出，又凭什么要求得到一份待遇优渥又有面子的工作？如果你能把青春当作泥土，开始播种、耕耘、浇灌，即使将来没有大丰收，但也肯定会有一份不错的收成。把握好青春，意味着充实的人生就在不远处等着你。青春一旦被辜负，生命将失去活力、激情和奔放。青春，应该是用来奋斗的，在生命的道路上，年轻人要输就输给追求，要嫁就嫁给幸福！而不是将青春白白浪费。

追求，是鸟儿飞翔的翅膀，不展开翅膀，你永远不可能知道自己究竟能飞多远。一个人能把生命经营成什么样子，很大程度上取决于年轻时的追求。有了追求，思想就更辽阔，无论最终能否实现，它始终是一种激励。从这种意义上讲，追求是实现青春

意义的最好方式。

"一个男人的气质是来自于经历风雨后的每一条皱纹，以及皱纹背后隐藏着的各种故事。这就是气质。"新东方的俞敏洪老师这样寄语年轻人，他对青春的解读我们真应该好好看一看、品一品：

"什么时候该培养气质？对于年轻人来说，从现在开始，一直到30岁。孔子说三十而立，但是李彦宏30岁时还是一个穷光蛋，马云30岁时也还是一个穷光蛋。是不是穷光蛋其实不重要，重要的是培养你的气质，气质包含你的志向、梦想等。我们外在的青春总有逝去的时候，而内心的青春其实才是气质的重要组成部分。

"如今徐小平、王强和我都已经过了50岁，我们不可能像你们年轻人那样活蹦乱跳，那我们的青春体现在什么地方？体现在我们内心对青春的欣赏和追求，青春跟年龄没有关系。我们还不算老年人，我们每天都想着怎么创新，怎么跟上时代，怎么跟上移动互联网的发展，怎么去投资最有活力、最有创意的年轻人的公司，跟他们一起成长，然后继续给我们带来财富和希望。我们用挣到的钱继续为世界的进步做贡献。

"在这种情况下，我们怎么可能老去？我们有一个共同的特点是我们永远有理想和激情，而这些东西恰恰是我们这些人到今天还能保持奋斗热情的最重要的源泉。所以，对于我们来说，即使在最艰苦的时候，也能坚持自己的理想和激情。你30岁以前有外在的青春，30岁以后则要靠内心的青春和气质。30岁以后我们所有的青春、梦想、激情都集中体现在我们对事业、生活、未来以及对社会贡献的追求上。

"此外，你今天做的事情跟未来想要做的事情立刻挂钩是不可能的，具备这种挂钩能力的人有，但并不多。虽然追逐梦想的过程不一样，但结局是一样的，只要坚持到最后，离成功就不远了。梦想就是你心中的东西，是即使心中迷茫却依然坚守的东西。我在北大那几年的迷茫其实为我奠定了后来创业的所有基础。

"所以，不要说等我有一个清晰的梦想才开始去做。你需要的是每一天都知道自己的生命还会前行，知道未来你需要一个展示自己的机会，而这个机会就是你今天一块一块搬过来的砖，最后才能砌成一栋大楼。对于创业来说，人生一辈子一定要有一次创业的机会，可以是几个朋友一起创业，也可以独自创业。我们要容忍这个世界上的各种局限，甚至有的时候必须屈服于某种既定的规则、习惯和习俗。但是，我们的容忍不能变成只知道戳断自己的脊梁骨，只知道自己一辈子在地上爬，而不知道人是可以站起来行走的动物。你是人，人要有站起来的一天。什么叫站起来？冲破所有你不愿意冲破的障碍，放弃所有你不愿意丢弃的一切，重新开始新的人生，而这个开端最重要的是执着于心中的梦想，而最典型的开始是打破你内心的懦弱、自卑和自己给自己设定的障碍。

"新东方上市以后，王强、徐小平再次出走，因为要留一个人在家里看着，我就是那个留下来守着新东方的人。如果哪一天

我要把新东方做倒了，他们俩在外面也没有自信调侃的基础了。所以，我必须要保持新东方健康成长，保证新东方的发展，为他们提供能够骄傲地讲述新东方未来的美好故事。徐小平和王强走出新东方的日常管理，用了不到五年的时间打开了中国天使投资的另外一扇窗，不光实现了自己的梦想，而且也让无数的年轻人冲破了自己心目中那么一点点的障碍，最后充满活力地奔向未来。我们能做到，你为什么不行？"

其实只要有心，谁的青春都可以不被辜负，他们可以，我们一样也行。值得思考的是，在这里，俞敏洪对青春下了一个新的定义：不是十几岁、二十几岁才叫青春，倘若心未老、心未死，那就是青春。青春不是年龄，是想要更美好的心。

那么，现在不管你多少岁，不要再偷懒，也不要再抱怨时间、年龄的问题，你若真的不想辜负生命，就不要自作聪明找借口耽误自己。

今天，已经是你剩下的生命中最年轻的一天了，赶紧规划你的人生吧！无论你想要怎样的生活，无论是宁静平淡还是辉煌灿烂，起码不能无所事事任时光虚度吧？生命只有一次，在相差无几的时间里，比别人体验更多，你就拥有更多。趁着时间与身体还允许你奋斗，请珍惜自己上场的机会，未知的生活若是吸引你，那就去奋斗。

得过且过是对生命的浪费

生活中有很多人不是在过日子，而是在混日子，对他们来说，生活就是柴米油盐酱醋茶，就是今天有钱今天花，明天没钱想办法。他们的生命里没有激情、没有神经、没有痛感、没有效率、没有反应。完全就是"当一天和尚撞一天钟"的心态，因而不接受任何新生事物和意见，对批评或表扬无所谓，没有耻辱感，也没有荣誉感。不论别人怎样拉扯，都可以逆来顺受，虽然活着，但活得没有一点脾气。如果没有外力的挤压，他们就会懒懒地堆在那里，丝毫不肯活动自己，一定要有人用力地拉着、扯着、管着、监督着，才能表现出那么一点张力，而一旦刺激消失，瞬间便又恢复了原样。他们往往都是活在自己的世界里，绝缘、防水，不过电，浮不起，麻木冷漠故没有快乐，耗尽心力却不见成绩，人生，不但疲惫，更显悲伤。

这些人当初可能也是充满激情的，只是经历了一些事情以后，当他们主观上认为自身无法把握或预测外部条件变化时，便开始担心自身付出的努力可能无法获得预期收益，于是就从心理

上产生少付出，甚至不付出的思想，因为这样就能切实避免"失望"，这也许就是"混日子"的心理根源。

在职场上，这种混日子的心理尤为普遍，在一些人看来，工作就是养家糊口的一个保障而已，电脑一开一关，一天就过去了，别管做没做出什么业绩，反正工资是挣到了。然而事实上，"混日子"可不是每一个人都能够享受的待遇。换言之，如果你拥有绝对的资本和地位，那么你可以拿着工资混日子。但如果你只是一个普通的打工者，混日子的心理迟早会让你丢掉饭碗。道理再简单不过，公司可不是收容所，老板亦不是什么慈善家，不可能拿钱去养闲人。

孙松大学毕业以后进入一家国企做文职工作。最初的那段时间，他真是拼劲十足，任劳任怨，不论是写发言稿、做总结、上报材料还是跑腿打杂，甚至是给领导安排饭店、随行出差，他都做得尽心尽力。

孙松自己都记不清有多少次，为了赶发言稿或者报告，大家都下班了，他还在办公室加班加点，困了就只在办公室的沙发上眯一会儿。这样热情饱满的工作一年之后，孙松开始懈怠了，原因是他的努力并没有为自己博来一官半职。从这以后，孙松每天机械地上班下班，没有梦想，也没有追求，彻彻底底开始混日子了。在他看来，反正无论自己多么努力，领导都不以为然，那么，累死累活也是活，混一天也是活，工资又不会少，何苦让自己那么辛苦呢？

的确，孙松的工作变得越来越轻松了。然而仅仅又过了一年，公司精简机制，没有任何背景又整天混日子的孙松第一个被请走了。

很多人都像孙松一样，寒窗苦读十余载，各方面的能力也都不错。但是，就因为短时间内没有得到别人的认可，丧失了热情，没了干劲，人也懒下去了。他们开始混日子，却一不小心被日子给混了。

不置可否，混日子的人也曾有过激情，只是梦破、梦醒或梦圆了，回到现实，所以无梦。只是活得单调、乏味、自我，日复一日，所以无趣。又或伤痛太多、太重、太深，无以复加，反而无痛。也可能是生活艰难、困顿、委屈，心生怨愤，不再期冀。抑或是惨遭打压、排挤、欺诈，心有余悸，故而萎靡，总之，那些社会的、个人的、主观的、客观的因素纠结在一起，共同制造了混日子的人。在这个社会上，他们俨然已经沦为局外人，无梦、无痛、更无趣，职业枯竭、才智枯竭、动力枯竭、价值枯竭，最终情感也枯竭。于是，他们常把这样的话挂在嘴边："以后慢慢混呗，能混成啥样就啥样！"听起来似乎很淡然，好像看破红尘以后的超脱一般，实则是在为自己的不作为找借口，这里面可能含有一些无奈，但更多的则是灵魂的懦弱，是自以为无可救药以后对生命的浪费和放纵。

其实人的生命是这样的——你将它闲置，它就会越发懒散，巴不得永远安息才好；你使劲利用它，它就不会消极怠工，即使你将它调动至极限，它亦不会拒绝。尤其是在你将人生目标放在它面前时，不必你去提醒，它便会极力地去表现自己。所以，如

果你还想活得有活力、活得滋润一些，那么无论如何请记住，永远不要混日子，永远别让心中的美梦间断，要将自己的生命力激发到极限，而不是刚刚成年，便已饱经沧桑。

别让明天的你，憎恨今天不尽力的自己

叶子黄了，有再绿的时候；花谢了，有再开的时候；鸟儿飞走了，有再飞回来的时候；而生命停止了，却无法再挽回。时间的流逝永不停止，它一步一程，永不回头。时间，它是人们生命中的匆匆过客，往往在我们不知不觉中，便悄然而去，不留下一丝痕迹。人们常常在它逝去以后，才渐渐发觉，留给自己的时间已经所剩无几。也正是如此，才有了古人一声叹息：少壮不努力，老大徒伤悲。

少壮不努力，老大徒伤悲！也许今天的你，还不能深切体会其中的道理。当有一天，你因为年少时的懒惰而四处碰壁，你自然就会摇头叹息、追悔莫及，然而，那个时候已太晚了，因为已经失去了难得的机会。

燕儿最近很难过，觉得好多不顺心的事儿都凑到了一起。

找工作时，面试官要求英文面试，自己口语向来不佳，毫无意外地被淘汰出局。而自己的好姐妹们，最近好久都没联系了，对自己的态度也是冷冰冰的。

燕儿觉得自己做人失败极了。她开始认真地反省，这才发现：当年学习英语羞于出口，考试不必考口语，因此也没有多认真去练习这一块，考上大学后，更是觉得这一块可以放松了，不必理会，就是这样的心态让自己与喜欢的工作失之交臂。那些姐妹们，自己有多久没有尝试着去融入她们的小圈子了？因为她们总是追求一些新潮的东西，她们都在与时俱进，而自己嫌麻烦无趣，浪费精力，因此很少加入其中，逐渐成为边缘人也是理所当然。

这样的无奈生活中时常遇到，就像燕儿那样，上学时觉得英文难，不愿努力去学，到二十几岁遇到一个待遇很好但要求精通英文的工作，也只能眼睁睁地与它失之交臂；小时候觉得学游泳难，放弃学习的机会，到20岁遇到一个你喜欢的人约你去游泳，也只能望洋兴叹了……只是，很多时候，这样的无奈只是生活中的一个小插曲，并未引起我们的重视，然而，真到了某一天，当一个人生重大转机摆在面前而我们却又无能为力时，我们才会开始憎恨当初不尽力的自己，然而，这又有何用呢？

青年阶段，是人生最美好的时光，在此期间，一个人的精神和身体状态正处于高峰期，正是刻苦学习，补充新事物，接受世界变化和发展的黄金时期。这个时候，越嫌麻烦，越懒得学，越

不愿意付出，日后就越有可能错过让你动心的人和事，错过新风景。相反，如果从一开始就知道打理自己，坚持克服难题，今后的境遇，或许就又是另一番景象了。事实上，面对时间的流逝，每个人都在对自己的人生作出选择：寻欢作乐、无所作为、游戏人生是选择；孜孜不倦、争分夺秒、埋头苦干也是选择。不同的选择会把我们导向不同的生活之路，使人生呈现出不同的色彩与价值。所以，别逞一时之欢乐，那样的话你将终生遗憾，俗话说："今天你笑，明天就哭；今天你哭，明天就笑。"努力拼斗虽然会让人感到些许痛苦，但因为懦弱和懒惰而留下的遗憾，却不会再有弥补的机会。

所以，不要做这样的人：

嘴上嚷着自己有多么崇高的理想，实际上在定目标的时候就给自己安排好了懦弱的退路，脑子里怀着"既然目标那么难，做不到也没有人会怪我吧"的想法，然后拖拖沓沓，喊着苦喊着累，随随便便地就放弃了。

别人都在为理想奔波受苦，自己却沉迷于贪图享乐，见别人获得晋升，就觉得人家肯定送了礼、拍了马屁，浑然忘了自个儿每天迟到早退，工作起来推三阻四。

什么都还没有干，就先想着要放弃。张嘴一来就是"平淡是真"，其实这与平淡完全是两码事，不过是为自己的懦弱与懒惰在找说辞。幻想着这所谓的平淡里有花不完的钱，住着宽敞的大房子，随心所欲去买漂亮的衣服，随时随地享用美好的食物，还要有长得美丽又爱你的人，然后过着"平淡"的日子。你以为这样的日子可以轻易得到吗？可事实上，平淡的生活并不代表平庸，无论你想过怎样一种生活，都得有一个物质保障的前提。而你所获得的物质，便需要付出艰辛劳苦去耕耘。

混日子很简单，一分一秒就能做到，而想要生活得好一点，想要生命更有价值，就得以努力为铺垫。所以，别再为自己的不努力找理由了，这只会让你越来越甘于平庸。你不知道，在你为一件事情找理由、想懈怠时，很多聪明又努力的人已经在想办法去解决了，这样的话，你很快就会被他们远远地甩在身后。很多时候，我们原本可以变得越来越好，变得让自己都对自己刮目相看。只是，我们常常被奋斗过程中的那些痛苦、那些理由，一点一点地消磨了拼劲，于是我们甘于平庸了，最终埋没在人海。

"生命属于每个人只有一次，人的一生应当这样度过：当你回首往事时，不因虚度年华而感到悔恨，也不因碌碌无为而感到羞耻。"人的一生当中，能有多少个成就自己的机会？"莫等闲，白了少年头，空悲切！"

最痛苦的不是失败的泪水，
而是不尽力的懊悔

　　某杂志对全国 60 岁以上的老人抽样调查，结果显示，第一名：75％的人后悔年轻时努力不够，导致一事无成；第二名：70％的人后悔在年轻的时候选错了职业；第三名：62％的人后悔对子女教育不当。第四名：57％的人后悔没有好好珍惜自己的伴侣；第五名：49％的人后悔没有善待自己的身体。

　　然而，这世上并没有后悔药可吃，所以，我们必须仔细走好人生的每一步。让人最痛苦的并不是失败的泪水，而是不尽力的懊悔。

　　很多时候，不是我们没有机会，而是在机会面前，我们因为懦弱、因为懒惰，因为种种原因，并没有全力以赴。有时候，我们不得不承认，只要我们勇敢一些，我们就会做到很多事情，而很多事情在很好地完成之后，我们就会有更多的勇气去迎接更多的挑战。而我们的人生，也会在这些机会、这些挑战中变得更好，或者说有不同的结局。但是，时间也不可倒流，所以我们只有在不断努力中抓住机会。

那些对人生充满懊悔的人常常是这样。开始的时候，凭着一股冲劲，雄心万丈，然而经过长途跋涉，感到苦了、累了，信心就开始动摇，开始打退堂鼓，因此不能全力以赴，坚持到底，以致前功尽弃。

弗洛伦丝·查德威克因为是第一个成功横渡英吉利海峡的女性而闻名于世。在此两年后，她从卡塔利娜岛出发游向加利福尼亚海滩，想再创一项前无古人的纪录。

那天，海面浓雾弥漫，海水冰冷刺骨。在游了漫长的 16 个小时之后，她的嘴唇已冻得发紫，全身筋疲力尽而且一阵阵战栗。她抬头眺望远方，只见眼前雾霭茫茫，仿佛陆地离她还十分遥远。"现在还看不到海岸，看来这次无法游完全程了。"她这样想着，身体立刻就瘫软下来，甚至连再划一下水的力气都没有了。

"把我拖上去吧！"她对陪伴着她的小艇上的人说。

"咬咬牙，再坚持一下。只剩 1 英里远了。"艇上的人鼓励她。

"别骗我。如果只剩 1 英里，我就应该能看到海岸。把我拖上去，快，把我拖上去！"

于是，浑身瑟瑟发抖的查德威克被拖上了小艇。

小艇开足马力向前驶去。就在她裹紧毛毯喝了一杯热汤的工夫，褐色的海岸线就从浓雾中显现出来，她甚至都能隐隐约约地看到海滩上欢呼等待她的人群。到此时她才知道，艇上的人并没有骗她，她距成功确确实实只有 1 英里！她仰天长叹，懊悔自己

没能咬咬牙再坚持一下。

然而，懊悔又有什么用，她终究因为未尽全力而失去了这次创造纪录的机会。人生中的很多事情都是如此，其实并不是做不到，而是因为你没有尽力。如果尽力了，即使失败又如何？苦难对于一个天才是一块垫脚石，对于能干的人是一笔财富，而对于庸人却是一个万丈深渊。坚强刚毅的性格和坚持到底的韧劲是强者区别于庸者的必要条件。失败并不可怕，在厄运面前不屈从，在困难面前不低头的人，永远比在挫折和打击面前垂头丧气、自暴自弃的人活得更精彩。

凡事贵在尽力而为。人往往都能在事业初期充满奋斗的热情，保持旺盛的斗志，在这个阶段普通人与杰出的人是没有多少差别的。然而往往到最后那一刻，顽强者与懈怠者便显示出了不同。前者咬牙坚持到胜利，后者则丧失信心放弃了努力，于是便得到了不同的结局。

哥伦布在他每天的航海日志上最后一句总是写着："我们继续前进！"这句话看似平凡，实则包含无比的信心和毅力。就凭着这一股勇往直前的精神，他们向着茫茫不可知的前途挺进，横跨惊涛骇浪，历经蛮荒野地，克服了无限的艰难险阻，终于发现了新大陆，完成了历史上惊人的壮举。

许多失败者的悲剧，就在于被前进道路上的迷雾遮住了眼睛，他们不懂得忍耐一下，不懂得再跨前一步就会豁然开朗，结果在胜利到来之前的那一刻，自己打败了自己，因而也就失去了应有的荣誉。

调整生活形态，
使黄金时代藏在未来的老年里

人们的生存结构就像是一个金字塔，只有相对少数的一些人生存在金字塔的顶端，蒸蒸日上，繁荣兴旺，而大部分人则一直处在金字塔的底部，每天只能收支相抵，量入为出，勉强活着。但事实上，那些处于金字塔顶端的人每天并不比谁多拥有一分钟时间，那为什么他们就能在同样的时间内，创造出大多数人只能仰视的成就呢？问题的根本就在于思想上的差别。

很多人之所以仍在为了衣食住行发愁，仍旧为拿不出像样的彩礼发愁，仍然看着别人的脸色过日子，关键就在于这些人总是觉得"自己不行"。这种心态会令人们将主观性的"心理界限"当成是无能为力的"生理界限"，于是干劲和斗志都丧失殆尽，那么也就真的不行了。

美国著名心理学家塞里格曼曾做过一个经典实验：他将狗关在笼子中，然后对狗进行电击，我们这里暂不对他的虐狗事件进行评论。言归正传，塞里格曼事先做好了设置，每次电击之前都会有一个蜂音器响起。开始的时候，那只狗东冲西撞、上蹿下

跳，试图逃出笼子避免电击。但一次次的尝试失败以后，狗发现自己根本逃不出笼子。于是，只要蜂音器一响，它就安静地趴在那里等待电击。后来，塞里格曼将笼门打开，然后开启蜂音器。你猜结果怎样？那只狗非但没有抓住机会逃出笼子，反而条件反射地躺在地上呻吟、颤抖。

想一想，有些时候我们是不是和动物一样，当遭遇一种自以为无法改变的客观状况时，心中就塞上了满满的无助感，然而日复一日，年复一年，逆来顺受便成了习惯。即使客观条件有所改变，我们仍然无法从已形成的无助和恐惧中摆脱出来，因而错失了许多改变命运的机会，同时也就注定了一生的无为。然而更可悲的是，有些人索性就把这当成了生命的一种常态！

其实从人的心理上讲，没有人甘于平庸，只是极少有人愿意打破平庸。我们身边的人可能都在说，自己将来要怎样怎样，都说自己不想一直像现在这样生活，但若干年后，绝大多数人还是平庸者。究其根由，尽管他们不甘于平庸，却从来不愿意做出不平庸的动作！

还记得那个放羊娃的故事吗？

有一位记者，到一个山区去采访，因为一时间找不到好的题材，于是就在山里转来转去，一面寻找好的题材，一面欣赏着山里的风景，这时他经过山里的一片草地。在那片草地上，看到了一个非常可爱的小男孩，正在放着一群羊，这位记者实在无聊，就打趣地和小孩说起话来：

"小孩，你在做什么啊？"

"你没有看见吗？我在放羊。"小孩回答。

记者接着问："为什么要放羊？"

小孩又回答说："放羊为了赚钱！"

记者又问："为什么要赚钱呢？"

"赚了钱，可以娶老婆！"小孩认真地回答道。

记者觉得这小孩挺有趣，又问道："为什么要娶老婆呢？"

小孩回答说："娶了老婆，就可以生儿子！"

记者越问越觉得这小孩越可爱："为什么要生儿子呢？"

小孩有点不耐烦了，回答道："生了儿子当然是放羊啦！"

可能大多数人都只把它当成一个笑话来看，但事实上，大多数人的生活与此何其地相似：

上学干吗？找好工作；找好工作干吗？有了好工作可以找个更好的另一半；有了更好的另一半干吗？生孩子；生了孩子干吗？为他提供一个良好的受教育环境……我们经常甘于平庸，这虽然不是失败，但却比失败更严重。失败了至少还能引起反思，去努力改进，重新追求成功，而一旦选择了平庸，人生的层次就无法再提高了。

从现在开始，必须要试着去打破平庸。你不要说："我没那能力"，"我没那条件"……这样的话，很多人就是因为对自我的状况十分不看好，才注定了生活无法改变。平庸是天生的吗？朱元璋从乞丐做到皇帝，不就是因为不认命吗？你要摆脱平庸，那么就要在心理上认可自己，从自我的意识中拒绝平庸，并用实际行动来满足自我的追求和需要。

这个时候，我们需要让自己的欲望大一点。人类之所以能够创造出今天的文明，就是有欲望作动力，过度的欲望的确会毁掉一个人，但对于平庸的人来说，就需要一种追求更高层次的欲望来促进改变！因为想，所以要，继而才能竭尽全力去做，将天赋通过自我的选择和主观意识淋漓尽致地发挥出来！不想、不要、没有目标和追求，这怎么可能出类拔萃？

《荷马史诗》中的《奥德赛》中有一句至理名言："没有比漫无目的地徘徊更令人无法忍受的了。"你现在的麻木、不思进取，会造成10年后的恐慌，20年后的挣扎，甚至一辈子的平庸。如果不能尽快做出改变，我们实在无颜面对10年后、20年后的自己。人这一生，既有很多的不确定，也有很多的可能性。

2

永远不要认为可以逃避，
你的每一步都决定着最后的结局

前进的理由只要一个，后退的理由却要100个。许多人整天找100个理由证明自己不是懦夫，却从不用一个理由证明他是勇士。努力不一定有结果，但你必须向前走。都说要找方向，可你不去碰壁怎么知道该在哪个路口转弯？大多努力和坚持会被浪费，但你不努力坚持怎么会有结果？就像很多你突然明白的道理，都是有着伏笔的。

人生只有走出来的美丽，
没有等出来的辉煌

　　一个人无所事事地度过今天，就等于放弃了明天。懒汉永远不可能获得成功，没有机遇是失败者不能成功的借口。

　　成功始于理想而止于空想，当你眼巴巴地看着别人的幸福羡慕、忌妒时，当你因为没有财富而落魄痛苦时，你一定也曾在心里为自己描绘过一些美丽的画面，可是为什么没能去实现？也许就是那么一会儿工夫，你觉得前面的路实在难走，你害怕了，你逃避了，你又走回了老路。

　　你可能会说："我的理想很丰满，可是现实太骨感"。是的，这话好像很多人都在说，从某种意义上说，似乎也有那么一点道理。可是你再看，那些今天站在会场上为你讲授成功经验的人，又有哪一个不是通过昨天的努力将现实变得丰满起来的呢？

　　人生只有走出来的美丽，没有等出来的辉煌。天再高又怎样，踮起脚尖就更接近阳光！任何一种美好的行动，都能使坚强的人跟这世界和好，使他对世界充满信心和希望。除了行动，什么都是谎言。只有行动不会撒谎。不管什么人，只能根据他们的行为来判断他们！人生就这么回事，说易不易说难不难，这世界比你想象中更加宽阔，你的人生不会没有出口。走出蜗居的小窝，你会发现自己有一双翅膀，不必经过任何人的同意就能飞。

多年前，英国一座偏远的小镇上住着一位远近闻名的富商，富商有个19岁的儿子叫希尔。

一天晚餐后，希尔欣赏着深秋美妙的月色。突然，他看见窗外的街灯下站着一个和他年龄相仿的青年，那青年身着一件破旧的外套，清瘦的身材显得很羸弱。

他走下楼去，问那青年为何长时间地站在这里。

青年满怀忧郁地对希尔说："我有一个梦想，就是自己能拥有一座宁静的公寓，晚饭后能站在窗前欣赏美妙的月色。可是这些对我来说简直太遥远了。"

希尔说："那么请你告诉我，离你最近的梦想是什么？"

"我现在的梦想，就是能够躺在一张宽敞的床上舒服地睡上一觉。"

希尔拍了拍他的肩膀说："朋友，今天晚上我可以让你梦想成真。"

于是，希尔领着他走进了富丽堂皇的别墅。然后将他带到自己的房间，指着那张豪华的软床说："这是我的卧室，睡在这儿，保证像天堂一样舒适。"

第二天清晨，希尔早早就起床了。他轻轻推开自己卧室的门，却发现床上的一切都整整齐齐，分明是没有人睡过的样子。希尔疑惑地走到花园里。他发现，那个青年人正躺在花园的一条

长椅上甜甜地睡着。

希尔叫醒了他，不解地问："你为什么睡在这里？"

青年笑笑说："你给我这些已经足够了，谢谢……"说完，青年头也不回地走了。

20年后的一天，希尔突然收到一封精美的请柬，一位自称"20年前的朋友"的男士邀请他参加一个湖边度假村的落成庆典。

在这里，他不仅参观了典雅的建筑，也见到了众多社会名流。接着，他看到了即兴发言的庄园主。

"今天，我首先感谢的就是在我成功的路上，第一个帮助我的人。他就是我20年前的朋友——希尔……"说着，他在众多人的掌声中，径直走到希尔面前，并紧紧地拥抱他。

此时，希尔才恍然大悟。眼前这位名声显赫的大亨欧文，原来就是20年前那位贫困的青年。

酒会上，那位名叫欧文的人对希尔说："当你把我带进寝室的时候，我真不敢相信梦想就在眼前。那一瞬间，我突然明白，那张床不属于我，这样得来的梦想是短暂的。我应该远离它，我要把自己的梦想交给自己，去寻找真正属于我的那张床！现在我终于找到了。

由此可见，人格与尊严是自己干出来的，空想只会通向平庸，而绝不是成功。"

理想不是想象，成功最害怕空想。要想成就人生，就必须干起来。躺在地上等机遇永远不会成功，因为机遇早已从头顶飘过。那些成功者都是个不折不扣的实干家。综观他们的生平，不仅积累了具体事情亲身经历的办法，更体验到了天下大事需积极实干的意义。

相反，很多人想法颇多，但大多就只是空想，他们年复一年地勾画着自己的梦想，但直至老去，依然一事无成。这是很可怕的。所以说，若想做成一件事，就要先去做。在实践中充实自己、展现自己的才能，将该做的事情做好，证明自身的价值，如此你才能得到别人的认可。

学会了战胜困难，才算学会了生存

人是很善于寻找理由的动物，尤其是在困难面前，总是会给自己寻找各种退缩和逃避的理由，比如工作压力大时，夜里躺在床上就会告诉自己，"其实我并不适合这份工作"。其实，在困难的时候，如果坚持下来，那么生活很可能就是另一番景象。

我们在某些时候会遇到能力和信心的瓶颈，这时候，如果努力突破了，进步会是巨大的，有时候甚至能够完成性格的重塑。相反，如果一味地退缩，一味地给自己找借口去逃避，甚至形成习惯，那么不会有一件事你能够把它做好。

有个年轻人因为性格懦弱一事无成，因而苦恼万分，于是他

去找当地两位颇有声望的人寻求帮助，一个是登山专家，另一个则是资历丰富的船长。他先是问登山专家："如果爬山的时候遇到了暴风雨，应该怎么办？"登山专家回答他："那就要往山上走。"年轻人很诧异："山顶上的风雨不是更大吗？"登山专家解答说："山上的风雨虽然会更大，但不会有生命危险，可是如果往山下走，就极有可能被泥石流掩埋，所以登山经验丰富的人一旦遇上暴雨，就会迎着风雨向上攀登。"年轻人若有所思地点点头。

随后，他又去拜访船长，这次他问："船长先生，如果在海上行船遇上一场大风暴，您会怎么做？"船长反问他："如果是你，你会怎么做？"年轻人脱口而出："当然是掉头返航！"船长摇摇头："不行的，船速怎么会有风速快，风暴迟早会追上来。你这么做反而延长了你和风暴接触的时间。谁都知道，在风暴圈中待的时间越长就越危险。"

年轻人想了想又说："掉转船头 90 度避开风暴，怎么样？"船长笑了笑："以船的侧面去面对风暴，这样就会增加与风暴圈接触的面积，很容易翻船。"

年轻人再也想不出别的办法来了，于是问船长："既然这些办法都不行，那么您是怎么做的呢？"

船长回答说："办法只有一个，就是稳住舵轮，让你的船头迎着风暴前进！只有这样，才能尽量减少与风暴接触的面积，同时由于你的船与风暴相对行驶，两者的速度相加，可以缩短与风暴圈接触的时间。你很快就会冲出风暴圈，重新看到一片阳光明媚的蓝天。"

我们面对的各种困难就像登山者和航海者遇到的风暴，跑没用，躲也没用。因为即使躲过了这次，肯定还有下一次，如果你不能学会解决困难，那么这一辈子都要被困难追得东躲西藏，什么事情也做不好、做不了。

一个人，只有学会了战胜困难，才算是学会了生存。

逃避绝对是懦弱的表现。既然困难已经来了，一切既成事实，为什么不能勇敢面对？不论现实是多么地惨不忍睹，你都应该坚定地相信这只是黎明前短暂的黑暗而已，如果事情的结局不是像你想象的那般美好，你就告诉自己，"这还不是结局"。真正的那个结局，只要你要，你就能得到，但你首先要学会解决问题而不是逃避。

刘川是某公司经理，一次，他的一个助手出了一个纰漏，给公司造成了损失，六神无主的助手找到刘川，表示要辞职。这时，刘川给他讲了一个藏在心里已久的秘密："8 年前，我受雇于一家建筑公司当业务员，由于我的勤劳能干，大量欠款源源不断地收回，公司颓败的景象颇有改观。老板也很赏识我，几次邀我到他家吃饭。就在这时，他唯一的女儿悄悄地爱上了我，常常送一些精美的小玩意儿给我。我起初不敢接受，后来碍于情面只得收下。就这样过了两年，当有一天我告诉她我不能再给予她太多时，她一气之下寻了短见。

"她的 3 个哥哥咆哮不止，扬言非要我偿命不可。那时我手里已有了为数不少的积蓄，很多人劝我一走了之。我没有这样

做，心里只有一个念头：事因既然在我，我必须回去面对这一切，是死是活——无关紧要。

"当我走进她的家门，一群人向我扑来，可她的父亲——我的老板向其他人摆了摆手，走上来紧握着我的手，良久才缓缓地说了这么一句话：'一个女人愿意为你自杀，说明你是一个不同凡响的人；你敢来面对这一切，说明你是一个有血有肉的人。'"

刘川的话给了他的助手很大触动，他决定留下来，接受董事会的裁决。结果，董事会认为他敢于面对问题，只是扣了他两个月奖金。

刘川明知老板家等着他的是一场暴风雨，却没有因此一走了之，而是勇敢地去面对，这种精神值得每个人学习。生活中，我们遇到一些困难或令人痛苦的事情时，也常常遇到失败，失败是这个样子的——你越逃避它，它越拼命地缠着你，你直接面对它，它就会停下来。所以说，失败并不可怕，不敢面对它才是可怕的。如果那些一天到晚想着如何逃避的人，能将这些精力及创意的一半用到解决问题上，他们就有可能取得巨大的成就。

问题不是发生了什么，而是你如何面对它

我们必须承认，很多事情不是我们所能控制的。这是事实，那么，我们该怎么办呢？我们可以控制、掌握自己的思想，借助对思想的掌握，亦即借助选择正确想法所产生的力量，我们也就间接掌握了外部环境。

我们都知道时机有好有坏。有些人连景气好的时候都难以为生，更何况是不景气的时候？其最大的原因在于不知道如何面对身边所发生的问题。

不景气的时候，大部分的人只会束手无策，灰心丧气，坐待政府的救济。然而，也有些人就懂得去解决问题，在不景气的时候也能有所作为。

其实不景气比景气的时候有更多的机会——你所需要的创业资金会少一点，人力也较便宜，竞争也不会太激烈……更重要的一点是，不景气时会产生太多丧气的失意人，因此一个有点斗志的人也就比较容易出头，不必拼得头破血流。

在某个不景气时期，有一个生意人，一直觉得他的生意之所以做不好，原因就是"不景气"，他觉得除非市场有改善，否则他的事业也不会有转机。就在这所谓最不景气的时候，有一天他走到一个购物区，看到有两家肉店，相距不过十多家店铺，其中一家忙得不亦乐乎，很多顾客在等待。而另一家却几乎不见有人上门。

这其中就有问题了。不景气确实存在，然而就在同一地段的两家肉店，一家可说根本感受不到不景气这回事，另一家却几乎难以维持。这个年轻的生意人决定要研究一下这件事。

他先上第一家肉店，已经有很多客人等在那儿，他一进门，老板就招呼说："您好。"态度非常友好，"我现在正忙，请稍等，我马上来。"他对每个客人都是这样客气，他很热心地为顾客服务，他会给他们建议，但是绝不自作主张。交易很愉快地就完成了。

过了几天，年轻的生意人到另外一家肉店去，老板大着嗓门问他："要什么？"买肉的时候，老板不给客人想买的肉，反而硬向人家推销他认为人家"应该"买的那份。态度很坏，而且只对眼前的利益有兴趣。

这就是不同的人面对问题时所表现出的不同态度。第二个肉贩把生意不好归咎于不景气，结果他饱尝不景气的痛苦，他对待客人的态度既恶劣又不讲理，甚至把生意不好的气出在上门来的客人身上。反观第一个老板，他则认为生意好坏在于自己，在于自己是不是公道、合理，在于自己是不是态度好、服务好。结果不景气对他毫无影响，他的选择是正确的，另一位没有生意可做的仁兄却做了错误的选择。

　　能够勇敢地面对问题，人才能充分发挥生命的价值；而未能觉察到这种力量的人，生命则成为一种负担。

　　上述那个年轻的生意人，在对两家肉店之间的差异做出一番调查后，第二天回到他自己的办公室重新开始工作。这一次，他选择了另一种观点——他深信事在人为，而不在于时机的好坏，也不在于政府的救济。他开始做广告，大力开展推销活动，并针对形势采取应变措施，修正产品的售价。没多久，便渐渐忙碌起来，生意开始好转，他又赚钱了。形势未变，变的是他自己。正是这种态度使他保住了事业，站稳了脚跟，改变了命运，而外在环境却仍其旧。

　　在我们受雇于他人时，道理也是一样的。让我们来比较两种不同类型的雇员，看看态度的不同对他们有何不同的影响。

　　其中一种，总是坚持准时上班的原则，凡事都按规定的办，对工作他一定力求做得最好，对公司有益的建议他都热心提出，不属于分内的琐碎事务，他也爱帮忙处理，如有需要，他还会自动加班。他不断充实自己的专业知识，甚至下班后去上课进修，期望自己的进步能使公司的服务质量也跟着提高。这个员工，他通过自己的努力，让自己成为一个出色、称职的助手，其前途当然看好。他使自己成为雇主不可或缺的有力助手，他的老板当然

也会尽一切力量留住这个人才。

再让我们来看看另一种雇员，这种人的上班时间是随自己的方便而定。工作的时候，他会跟别人斤斤计较，即使加几分钟班都不愿意。他喜欢谈论与公事无关的话题，或是跟公司唱反调。这种人绝不会计划未来，也不会为了将来而去充实自己。

当不景气的时候，这种人将是第一个被淘汰的。这个时候，他都会怪时局不好，会开始抱怨，因为他丢了工作；他会对社会大事抨击、大张挞伐；他会怪所有的人而忘了检讨自己，他的家人、亲友也跟着受罪，他让日子就这样日复一日、年复一年地虚度下去。最后，他会发现自己竟然潦倒在养老院里。

但愿我们能够有办法让所有的人都了解：我们所要面对的，不是发生了什么，而是如何解决它。要怪外部条件不好很容易，如果你愿意的话，把一切责任都推到别人身上是很简单的。但是，这无法使你的事业有所进步，你的社会关系、家庭生活及个人生活也不会得到改善。

只有在斗争中无所畏惧，
才能把自己雕塑成器

挑战可以成就一个人，如果失去挑战精神，没有承担压力的勇气，人就会输掉一切。

一个人的思想决定他的命运。不敢向困难和危险发出挑战，是对自省潜能的否定，只能让自己无限的创造力产生微不足道的成绩，而勇于向高难度挑战，是获得巨大成功的关键。一个人，做任何事都畏首畏尾，缺乏挑战精神，即使身负令人羡慕的才华和能力，也决不会有什么大作为。人，只有在斗争中无所畏惧，才能把自己雕塑成器。

美国著名将领巴顿青少年时代就雄心勃勃，心存大志，发誓要成为一名勇往直前、毫不畏惧的将军。

小时候，巴顿发现自己虽然勇敢，但在危险面前也并非毫无顾虑。因此，他决定锻炼自己的胆量，克服隐藏在自己内心深处的恐惧心理，并时刻以"不让恐惧左右自己"这句话自勉。

在西点军校学习期间，他有意识地锻炼自己的勇气。在骑术练习和比赛中，他总是挑最难跨越的障碍和最高的栅栏。在西点军校的最后一年里，有几次狙击训练，他突然站起来把头伸进火线区之内，要试试自己的胆量。为此，他受到了父亲的责备，而巴顿却满不在乎地说："我只是想看看我会有多害怕，我想锻炼自己，使自己不再胆怯。"

就这样，巴顿的性格变得异常勇猛无畏，而且自始至终地贯穿于他的军事生涯。

1944 年 6 月，西方盟国与法西斯德国之间的最后大决战以诺曼底登陆为先导打响了。在随之而来的一系列重大战役中，巴顿充分发挥装甲部队快速、机动和火力强大等特点，采取长途奔袭和快速运动的战术，以超常规的速度在欧洲大陆上大踏步前进，不顾一切地穷追猛打，长驱直入，穿越法国和德国，最后到达捷克斯洛伐克。

巴顿是在极其艰难的情况下向前推进的，他曾直率地告诉自己的下属，他要对付的"敌人"有两个——德军和自己的上司！对于战胜德军，巴顿满怀信心；对于能否"制伏"自己的上司，他却没有把握。但是有一点巴顿从未动摇过，"我们一分钟也不能耽搁，速度就是胜利！"在巴顿的鼓舞下，全体将士士气高昂，斗志旺盛，每个人都强烈地渴望向莱茵河进军，他们的直觉告诉自己：如果继续前进的话，没有任何力量可以阻挡。

在推进过程中，巴顿抓住一切战机迅速果断地围歼敌军。在

281 天的战斗中，巴顿率领的部队在 100 多英里长的正面作战向前推进了 1000 多英里，解放了 130 座城镇和村落，歼敌 140 余万，为解放法国、捷克斯洛伐克等国家并最终击败纳粹德国立下了汗马功劳。

巴顿创造的战绩是巨大的，也是惊人的。正如驻欧洲盟军总司令艾森豪威尔将军在战后所说："在巴顿面前，没有不可克服的困难和不可逾越的障碍，他简直就像古代神话中的大力神，从不会被战争的重负压倒。在'二战'的历次战役中，没有任何一位高级将领有过像巴顿那样神奇的经历和惊人的战绩。"

在作战方面，巴顿堪称世界现代战争史上最杰出的战术家之一，其主要特点是勇敢无畏的进攻精神。巴顿特别强调装甲部队的大范围机动性，尽一切努力使部队推进、推进、再推进。巴顿在战斗中的一句口头禅是："要迅速地、无情地、勇猛地、无休止地进攻！"有时，他下令："我们要进攻、进攻，直到精疲力竭，然后我们还要再进攻。"有时，他对部下说："一直打到坦克开不动，然后再爬出来步行……"正是这种勇敢无畏的进攻精神，使得巴顿率领的部队在战场上所向无敌，无往而不胜。

巴顿的勇猛无畏，使他赢得了"血胆将军"的称号，并因在"二战"中立下赫赫战功而被授予"四星上将"的军衔。

世界著名成人教育学家卡耐基说："我们每个人的生活面貌

都是由自己塑造而成的，如果我们能学会接受自己，看清自己的长处，明白自己的短处，便能踏稳脚步，达到目标。"

事实上，每个人生来的素质都差不多，别人能做成的事，你也能做成。你应该有充沛的精力和强大的魄力，要鼓起勇气，下定决心，与一切懦弱的思想作斗争。只有这样，你才能激发进取精神，才能感受生活的快乐，才能最大限度地挖掘自身的潜能。生活中的恐惧和不安，其实都是因为你的勇气不足，一旦获得了勇气，很多问题便能迎刃而解了。

懦弱的性格是一个人的大敌，你的人生不应该懦弱。不论遇到什么问题，哪怕是面临失败，我们都不应该灰心丧气，要勇敢地正视它，以积极的态度寻找解决的办法。一旦问题解决了，我们的自信心也会为之大增，才能具备挑战未来的勇气。

不能自我挑战，犹如作茧自缚

成功与失败皆取决于思想的力量。掌控你自己的思想，你就能把握成功。

成功只属于有追求、敢拼搏的勇士，对于容易被人生中种种困难所恐吓和束缚的人来说，成功永远是一个美丽的、遥不可及的梦，只能存在于"如果人生可以重来"的想象之中。

不敢向高难度挑战，是对自身潜能的束缚，只能使自己的无限潜能浪费在无谓的琐事中，与此同时，无知的认识还会使人的天赋减弱。这就是在作茧自缚，是你消极的思想将自己固定在了一个界限之中，但事实上，这个界限并非不可突破。

想要突破界限，破茧成蝶，首先就要从"心"做起。你的心有多大，世界就有多大；心的宽度，就是你世界的宽度。它可以帮助你超越困难、突破阻挠，最终达到你的期望。

其实，任何障碍都不是失败的理由，那些倒在困难面前的人，只是在心里将困难放大了无数倍。这种行为的实质就是"自我设限"，是一种消极的心理暗示，它使我们在远未尽力之前就说服自己"这不可能……"，于是我们的心会首先投降——"我不会。我完成不了……"放纵自己这样想的人很难成功，因为他已经在潜意识中停止了对成功的尝试。而事实上，这世上没有那么多不可能。

1英里赛跑，当第一个职业运动员跑过4分钟后，全世界所有运动专家、生理学家都断言：4分钟跑1英里是人类的极限，不可能有人突破。但是，一个名不见经传的教练，用并不复杂的方法，最先帮助一位业余运动员突破了这个限制。他把1英里分成8等份，根据选手体能，计算出通过每等份应该用的时间。然后在每个等份处都有一个小教练掐秒，报告给运动员："太快了，

悠着点儿！""慢了，该加油冲了！"有意思的是，这个最早突破"极限"的人竟然是个医学院学生！此后，所有职业运动员都能突破这个所谓"生理极限。"

还有这样一件事。有个中学生，在一次数学课上打瞌睡，下课铃声把他惊醒，他抬头看见黑板上留着两道题，就以为是当天的作业。回家以后，他花了整夜时间去演算，可是没结果，但他锲而不舍，终于算出一题。那天，他把答案带到课堂上，连老师都惊呆了，因为那题本来已被公认无解。假如这个学生知道的话，恐怕他也不会去演算了，不过正因为他不知道此题无解，反而创造出了"奇迹"。

这都是真实发生过的故事。可以看出，不是环境也不是遭遇能够决定人的一生，而是看人的心处于何种状态，这就决定着一个人的现在也决定着他的未来。

审视曾经的失败你会发现：原来在还没有扬帆起航之前，许多的"不可能"就已经存在于我们的假想之中。现在你明白了，很多失败不是因为"不能"，而是源于"不敢"。不敢，就会带来想象中的障碍。

所以我们必须告诉自己的心：没有绝对的不可能，只有自我的不认同——不认同勇气，不认同坚持，不认同自身的潜能，因此不能逃避！

接下来，你必须向极限发出挑战，这是获得高标生存的基础。在当今这个竞争激烈的大环境下，如果你一直保守地让自己处于一种"不求有功但求无过"的状态中，不敢向自己的极限挑战，那么在竞争的对抗中，就只能永远处于劣势。当你羡慕，甚至是忌妒别人的成功时，你要明白，他们的成功绝不是幸运，亦不是偶然。他们之所以有今天的成就，很大程度上，是因为他们敢向高难度发出挑战。在纷扰复杂的社会上，若能秉持这一原则，不断磨砺自己的生存利器，不断寻求突破，就能占有一席之地。

越敢于担当大任，越是意气风发

有两种人绝对不会成功：一种是除非别人要他做，否则绝不会主动负责的人；另一种则是别人即使让他做，他也做不好的人。而那些不需要别人吩咐就能主动做事且韧性十足的人，除非遭遇了什么不可抗因素，否则他们一定会比绝大多数人更卓越。

主动、负责是一种非常强大的力量：它可以使人赢得尊重和信任，从而强化人际关系；它可以使人赢得机会的青睐，从而扭转向下的人生轨迹；更重要的是，它可以改变平庸的生活状态，

使一个人变得杰出优秀。

安德烈·卡耐基是美国宾夕法尼亚州一座停车场的电信技工。当时他的技术已经相当好了，但他并没有引起上层决策者的注意，因而也没有提升的机会。

一天早上，停车场的线路因为偶发的事故，陷于混乱。此时，他的上司还没上班，该怎么办？他并没有"当列车的通行受到阻碍时，应立即处理引起的混乱"这种权力。如果他胆大包天地发出命令，轻则可能卷铺盖走人，重则可能锒铛入狱。

一般人可能说："这并不干我的事，何必自惹麻烦？"可是卡耐基并不是平庸之才，他并未畏缩旁观！

他私自下了一道命令，在文件上签了上司的名字。

当上司来到办公室时，线路已经整理得同从来没有发生过事故一般。这个见机行事的青年，因为露了漂亮的这一手，大受上司的称赞。

公司总裁听了报告，立即调他到总公司，升他数级，并委以重任。从此以后，他就扶摇直上，谁也挡不住了。

卡耐基事后回忆说：

"初进公司的青年职员，能够跟决策阶层的大人物有私人的接触，成功的战争就算是打胜了一半——当你做出分外的事，而且战果辉煌，不被破格提拔，那才是怪事！"

有的人没有得到提拔，并不是因为没有本领或者得不到机会的眷恋，而是因为在关键时刻不敢去露一手。他们没有胆量，自信心不足，或者认为是分外之事而不去插手，结果是坐失良机，白白浪费了自己的才华和表现自己的机会。人生，只有磨砺过才有光泽，只有承担过才显厚重。正是有了担当，人生的意义更显非凡。敢担当、会担当的人，会把分内事做到使人满意，把分外事做到让人惊喜，他们因而会被赋予更多的使命，也才有资格获得更大的荣誉。而一个缺乏主动性、没有责任感的人，首先失去的是社会对自己的基本认可，其次失去了别人对自己的信任与尊重，甚至也失去了自身的立命之本——信誉和尊严，这样的人，能力再强也无用武之地。

进入 21 世纪，社会对我们提出了更高要求，它要求每一个想要有所进步的人，必须具备良好的道德、忠诚度、专业技能，等等，即，必须在综合素质方面表现突出。倘若你无法做到，很遗憾，你的职业发展必然会遭遇桎梏，你永远也不会得到成功！反之，如果你能够承担起自己的职责，在工作中积极进取，恪守职业道德，你就会成为一名不可替代的人才，你的价值、薪金、职位、团队影响力，等等，都会随之得到大幅提升。如此一来，你必然能够更快地实现自己的人生目标。

永远不要认为可以逃避，
你的每一步都决定着最后的结局

习惯逃避现实的人，永远也无法获得成功。生命中总有这样或那样的挫折，只有勇敢面对，才能真正地享受生活。不管结局怎样，都不要做一个逃避的人。

他相貌平平，毕业于一所毫无名气的大学，在来自各个名牌大学，头上顶着硕士、博士光环的应聘者中，他的表现却像是一个麻省理工大学留学生。

尽管他表现得自信，但面试官还是给了他一个无情的答复：他的专业能力并不足以胜任这个职位。这是事实。

他在得知自己被淘汰出局以后，显得有点失望、尴尬，但这个表情转瞬即逝，他并没有马上离开，而是笑了笑对面试官说："请问，您是否可以给我一张名片？"

面试官微微愣了一下，表情冷冷的，他从内心里对那些应聘失败后死缠烂打的求职者没有好感。

"虽然我不能幸运地和您在同一家公司工作，但或许我们可以成为朋友。"他解释说。

"你这样认为？"面试官的口气中带了一点轻视。

"任何朋友都是从陌生开始的。如果有一天你找不到人打乒乓球，可以找我。"

面试官看了他一会儿，掏出了名片。

那个面试官确实很喜欢打乒乓球，不过朋友们都很忙，他经常为找不到伴儿打球而烦恼。后来，面试官和那个面试者成了朋友。

熟悉了以后，面试官问面试者："你不觉得自己当时提的要求有点过分吗？你当时只是一个来找工作的人，你不觉得你自我感觉太好了点吗？"

他说："我不觉得，在我看来，人与人之间是平等的。什么地位、财富、学历、家世于我而言没有意义。"

面试官笑了，他甚至觉得这个朋友有点可爱，他笑着问："要是当初我不理你，你怎么下台？"

"我可能没法下台，但我不允许自己不去尝试。其实很多人不敢去做一些事情，并不是害怕失败本身，而是失败以后的尴尬，人们觉得这很丢脸。可是，真正丢脸的并不是失败，而是不敢去开始。"

接着他说："大学的时候，我曾经非常喜欢一个女孩，可是我一直害怕被她拒绝，怕她说'你是一个好人……'，如果这样我会无地自容。所以大学那四年，我只敢远远地看着她，后来我偶然得知，她以前一直对我有好感，只是此时她已经找到了真正

的归宿，我错过了本该属于我的幸福！"

"这是我迄今为止最大的遗憾，它是那样地令我懊悔、心痛。自此以后，每每怯懦、退缩的念头冒出来时，我就会以此来告诫自己，不要怕可能出现的失败。否则，还是会一次次地错过。现在，我已经可以敢于迎向一切了，不管前面是一个吸引我的女孩儿，还是万人大会的讲台，我都会毫不迟疑地迎上去，虽然我知道这可能会失败，虽然我知道自己也许还不够资格。"

永远不要认为可以逃避，你所走的每一步都决定着最后的结局。面对，是人生的一种精神状态。想要成为一个什么样的人物，获得什么样的成就，首先就要敢于去迎上去，只有面对了才可能拥有。即使最后没能如愿以偿，至少也不会那么遗憾。我们做事，结果固然重要，但过程也同样美丽。

3

梦想还是要有的，万一实现了呢

多少人千回百转换来一生的辉煌，多少次的困难在坚强下覆灭。难道你的梦想就会化为乌有？难道你的追求就此终结？难道你能走过春的烂漫、夏的热情，就走不出秋的萧瑟、冬的残酷？难道你能写出童年的好奇、少年的梦想，就不能给它们画上一个圆满的句号？

不知道去哪儿，就哪儿也去不了

因为去哪儿无所谓，所以走哪条路都无所谓，这是很多人的生活写照。因为没有规划，所以索性走一步算一步，自己不知道该怎样做，别人也帮不了他们，而且就算别人说得再好，那也是别人的观点，不能转化成他们的有效行动。

人最大的悲哀，就是工作了一辈子，自己却从来没有喜欢过；人最大的失败，就是忙碌了一辈子，垂垂老矣却一事无成，自己得不到欣慰，后人也看不到希望。没有规划的人生，就像是没有目标和计划的旅行，走着走着就迷路了，陷在深山老林里喊救命。花谢花会再开，可人谁还有来生？活不出个样子来，最对不起的是自己。

一项调查显示，每 100 个人中就有 98 人对现在的生活状况不满意，难道他们不想改变吗？

没有钱的人，他们不想有钱吗？职位低的人，他们不想高升吗？工作乏味的人，他们不想有一个更适合自己的工作吗？孤单的人，他们不想有一个美满的家庭吗？想，他们当然想，那么这个"想"字就代表了一种愿望、一个目标、一个蓝图。只是他们不知道通过什么样的途径实现目标，也就是不能为自己的目标做一个规划。

如果你不知道要到哪儿去，通常你哪儿也去不了。我们在畅想生活的美好前景时，心里会激动不已，可一旦涉及如何完成这个目标的行动时，又往往觉得无从下手、难上加难。很多目标就这样被一个"难"字卡住了。实际上，事情的完成不可能轻而易举，目标永远高于现实，从低往高走哪有不费力的道理。关键在于规划，在于要充分挖掘自身潜力，制订一个具体可行的计划。

规划，就是人生的基本航线，有了航线，知道自己想要去哪里，我们就不会偏离目标，更不会迷失方向，生命之舟才能划得更远、驶得更顺。

日本著名企业家井上富雄年轻时曾在 IBM 公司工作。可是不幸的事情发生了，由于他体质较弱再加上过分卖力，导致积劳成疾，一病不起。他凭着强大的意志与病魔对抗 3 年之久，终于得以康复，并重新回到公司工作。

这个时候他已经 25 岁了，他觉得自己浪费了太多的时间，现在亟须为自己的未来制订一份计划。这样，一份未来 25 年的人生计划诞生了，这是他第一次为自己制订人生计划。此后，他每年都为自己未来的 25 年订立新的计划。比如 27 岁时，制订了到 52 岁时的人生计划；到了 30 岁时，制订了 55 岁时的人生计划。

由于担心过分逞强会引起旧病复发，井上富雄需要一种既能悠闲工作又可快速休息的方法。最初他是这样想的：好吧，别人花 3 年时间做到的，我就花 5 年时间去做；别人花 5 年时间，我就花 10 年时间，只要有条不紊，一步步前进，总是会有成就的。

　　他一直在思索，"如何才能以最少的劳力，消耗最少的精神，以最短的时间方能达到目的。"换言之，他一直在规划着一种既不过分劳累又能获得成功的人生战略。他依据现实情况，不断对规划作出调整，追加新的努力目标，使自己的人生追求逐渐扩展充实起来。为自己的人生规划做足了准备，当他还是一个办事员的时候，就已经开始具备了科长的能力；当上科长以后，他又开始学习经理应当具备的能力；做了经理以后，就进一步学习怎么去做总经理。他的升迁比别人要快得多，这一切都得益于他所制定的人生规划。

　　到了 47 岁，他干脆离开 IBM，自己开始创业，之后，他取得了更加辉煌的成就。对于后辈们，他给出了这样的忠告："做什么事都要有计划。计划会促使事情的早日完成或理想的早日实现。"

　　人生从来就不是一个轻松的过程，假如你漫无目的、毫无规划地生活，只会让你的人生一团乱麻。生活中几乎每个人都有这样的经历：假日清晨一觉醒来，觉得今天没有什么重要的事情需要处理，就会东游西逛，懒懒散散地度过一天，但如果我们有一个非做不可的计划，不管怎样多少都会有点成绩。

一个人的幸运，不是因为他手中拿到了一副好牌，而是因为他知道用最好的方法把牌打出去。人人都有责任研究人生，做人生的设计师，哪怕只是为了对得起自己。虽然你无法预测自己的未来，但你可以用心去规划。只有对自己的人生有宏观的把握，才能在未来的路上走得从容，走得精彩。

你想走遍世界，你的心必须要向着世界走

许多人最大的弱点就是自我贬低，亦即廉价出卖自己的劳动。这种毛病在诸多方面显示出来。例如，张三在报上看到一份他喜欢的工作，但是他没有采取行动，因为他想："我的能力恐怕不足，何必自找麻烦！"

认识自己的缺点是很好的，可借此谋求改进。但如果仅认识自己的消极面，就会陷入混乱，对自己毫无信心，觉得自己毫无价值。要诚实、全面地认识自己，决不要看轻自己。

经济学博士、拥有14家上市公司、拥有极高经济才能的亿万富翁艾尔宾·菲特纳先生有个下属，深通说服之术，而且，他对于自己所销售的商品非常有信心，所以再有难度的业务，他也能谈成功。在进入公司很短的时间内，他就已展现了极其惊人的

业务能力和相应的成绩。菲特纳先生破例地除了周薪之外，另外发给他一笔800美元的奖金。当天，那人高兴地回家了。不料第二天却来了个翻天覆地的变化，令菲特纳先生十分震惊，因为那人竟然对菲特纳先生说：

"董事长，昨晚我和妻子长谈了一夜。因为上周我的业绩有很多运气成分，我想，运气不会总这么眷顾我的，我太太也很担心，万一这星期我连一份契约都签不到，那该怎么办？她甚至担心得哭了起来。所以，我想和你商量收回本周的奖金，不要按件计酬，能不能固定每周给我300美元的周薪？当然，以后我还是会和上周一样努力工作的。因为我认为，我是有家室的人，安定的生活是最重要的……"

后来，菲特纳先生针对这个问题，以毫不犹豫的口吻说：

"当然要开除他！一个对自己的能力毫无自信的人，迟早是会失败的。他努力工作，只是想要过安定的生活。而事实上，他具备了能够给自己保证的一切能力，却只为了'安定'，要求较低的报酬。除此之外，并无其他。不要为了退休后少许的退休金而迷惑，要有一种激情般的内心去迎接所遭遇的一切挑战。"

过分高估自己的能力，以盲目自大的态度去做事，注定会碰个头破血流；同样，过分低估自己的能力，遇事总是战战兢兢，会让自己因丧失机会而取得的实际成就比你应该达到的大大缩水。

再来听一段俞敏洪老师的讲话，这会令你大受裨益。

"我从同学们的眼光中，看到你们对未来的期待，看出对自己未来的希望，看出自己对未来的事业、成就和幸福的追求。希望同学们有这样一个信心，这个信心就像我讲座的标题所说的那样，永远不要用你的现状来判断你的未来。人一辈子有时会犯两个错误：第一个错误就是你会断定自己没什么出息，你会说我家庭出身不好，父母都是农民，或者说我上的大学不好，不如北京大学、哈佛大学，或者说我长得太难看了，以至于根本就没人看得上我，等等，由此来断定自己这辈子基本上没有什么出息。我在北大的时候，基本上就这么断定自己的，断定到最后，差点儿把自己给弄死。因为自己断定自己没出息，变得非常地郁闷，最后得了一场肺结核。第二个错误是什么呢？同学们，我们常常会判断别人失误，比如说你看到周围某个人，好像显得挺木讷的，这个人成绩也不怎么样，也没人喜欢他，你就断定说，这个家伙这辈子没什么出息。所以，我们这辈子最容易犯的两个错误是：一个是觉得自己这辈子可能不会有大的作为；另一个是料定别人不会有作为。

　　"面向未来，通常会有两种人：一种人是自己想要有所作为，并且坚定不移地相信自己的未来会有所作为；还有一种是从心底里不相信自己会有所作为的人。同学们想一想，未来成功的会是哪一种人？一定是前面的一种人。为什么？原因很简单，因为人是这样的动物，就是心有多大，你就能走多远。如果你想走出这个礼堂，只要一分钟的时间；你想走出南广学院的校园，也只要半个小时不到的时间；你想走出南京，也就是两个小时的时间。但是，你要是想走遍世界的话，你的心必须要向世界走。我为什

么今天还能站在这儿和大家讲话呢？就是因为我从小就有一种感觉，这个感觉就是越过地平线，走向远方的一种渴望，我希望自己能够不断地穿越。就像中国著名的企业家、万科集团的王石一样，他想要不断爬到世界最高峰，爬了一次，还想爬第二次。他知道，每一次征服都给自己带来一次新的高度，就是这种感觉。我知道在座的同学们没有一个会没有梦想，没有一个会没有渴望，没有一个会说我这辈子就去种地算了，没有人会这么说。人总希望自己成为伟大的艺术家，总希望自己成为伟大的事业家，或者伟大的企业家，等等。但是，为什么有的人做到了，有的人没做到？就是因为做到的人，他一定从心底里相信，自己这辈子一定能做成事情。尽管我在北大的时候比较自卑，但是在这个自卑的背后，我还是相信，既然自己能从一个农民的儿子奋斗成北大的学生，我就能够从北大奋斗到更高的一个台阶，我从心底里相信自己能做到，所以我就做到了。当然，这个相信不是盲目的自信，不是狂妄，不是说别人都觉得你不是人，你自己还觉得自己挺是人的那种样子，而是一种理性的自信，在自信背后是持续不断的努力。"

你如何看待自己，一定会影响你的行为，至于你对自己优缺点的描述，都在一定程度上决定了他人对你的印象。自贬身价没有一点好处，不要自贬身价，成为自己可怕的敌人。即使是开玩笑，也不要看轻自己。任何时候都不要看轻自己，当你一旦对自己有了信心，并为心中的目标不懈奋斗时，你的人生也许就会翻开新的一页。

期望值越高，达成期望的可能性就越大

因为梦想和现实总有距离，所以你的"梦想"可以不必过于"真实"。哪怕有人认为你的想法只是"痴人说梦"，你也大可不必放在心上，毕竟超越了现实的梦想才值得我们用心去追逐，也才能够真正地发挥出我们的潜能。

人都会有这样的体会：当你确定只走 1 公里路的时候，在完成 0.8 公里时，便会有可能感觉到累而松懈自己，认为反正快到了。但如果你要走 10 公里路程，你便会做好思想准备，调动各方面的潜在力量，这样走七八公里，才可能会稍微放松一点。梦想与现实的关系也同样如此，你的梦想越远大，你为之而付出的努力就会越多，即便达不到自己理想的状态，你也能够取得非凡的成就。

一个具有远大梦想的人，毫无疑问会比一个根本没有目标的人更有作为。有句苏格兰谚语说："扯住金制长袍的人，或许可以得到一只金袖子。"那些志存高远的人，所取得的成就必定远远离开起点。即使你的目标没有完全实现，你为之付出的努力本身也会让你受益终身。

几年以前的一个炎热的日子，一群人正在铁路的路基上工作，这时，一列缓缓开来的火车打断了他们的工作：火车停了下来，最后一节车厢的窗户——顺便说一句，这节车厢是特制的并且带有空调——被人打开了，一个低沉的、友好的声音响了起来："大卫，是你吗？"大卫·安德森——这群人的负责人回答说："是我，吉姆，见到你真高兴。"于是，大卫·安德森和吉姆·墨菲——铁路公司的总裁，进行了愉快的交谈。在长达1个多小时的愉快交谈之后，两人热情地握手道别。

大卫·安德森的下属立刻包围了他，他们对于他是墨菲铁路公司总裁的朋友这一点感到非常震惊！大卫解释说，20多年以前，他和吉姆·墨菲是在同一天开始为这条铁路工作的。

其中一个人半认真半开玩笑地问大卫，为什么他现在仍在骄阳下工作，而吉姆·墨菲却成了总裁。大卫非常惆怅地说："23年前我为1小时1.75美元的薪水而工作，而吉姆·墨菲却是为这条铁路而工作。"

美国潜能成功学大师安东尼·罗宾说："如果你是个业务员，赚1万美元容易，还是赚10万美元容易？告诉你，是10万美元！为什么呢？如果你的目标是赚1万美元，那么你的打算不过是能糊口罢了。如果这就是你的目标与你工作的原因，请问你工作时会兴奋有劲吗？你会热情洋溢吗？"

卓越的人生是梦想的产物。可以说，梦想越高，人生就越丰富，达成的成就就越卓绝。相反，梦想越低，人生的可塑性越差。也就是人们常说的："期望值越高，达成期望的可能性越大。"

先天条件的好坏，不决定未来的成败

命运其实是相对公平的，它为你关上一扇门，总会在其他地方为你打开一扇窗，关键在于，你肯不肯去推开它，迎接生命中的曙光。

客观地说，我们活着，很多事情的确无法如愿，人生没有十全十美，更可气的是，有些时候我们连七八分美都没有：或许你是个爱美的人，但偏偏生下来就有残疾；或许你是个心高的人，但偏偏就生在一个贫穷之家；或许你一直很相信爱情，但偏偏遇到的都不是什么良人……这样的事情在我们身上出现得太多太多，那怎么办？认命吗？是个"破罐子"就要破摔吗？当然不应该这样。其实，每个人都是非常普通的，而你自认为的那些生命中非常重要的东西，跟我们未来的幸福和成功其实关系并不大。比如，有人认为，相貌、学历、成绩、家庭背景会影响到未来的成功，但事实上并不是这样，比如说相貌。

其实相貌、学历、成绩、背景这些都不是成功的决定因素，真正决定人生的，是你自己的内心世界，是你的胸怀和理想，是你的风度和气质。随着年龄的增长，这些会慢慢变成你的智慧，它们才是构成成功的真正本质。

　　还在大学的时候，张威就被看作是很容易成功的人：他脑子聪明，不用费什么力气就能取得优异的成绩；他长得阳光俊朗，很容易获取别人的好感；他的家庭条件不错，父母都有一定的社会能力。到了大学的实习阶段，很多公司到学校来纳贤，他选了一份相当不错的工作。

　　毕业以后，张威就留在了这家公司，最初干得不错，屡次受到领导的表扬，两年以后就被提拔为主管。他有点得意了，觉得自己的这一生就是铺就好的锦绣前程，他开始不那么努力了，然后，逐渐被超越。他心有不甘，觉得是上司嫉贤妒能，打压自己，于是又换了一家小一点的公司。他以为自己的才能在这样的小公司一定是顶级的，然而同样的局面又一次出现了：他最初很受欢迎，被当作是公司最有前途的人，但不久，他就像一个潮湿的爆竹没了生气。今天，他还是在一家小公司做着并不十分重要的工作。

　　胡力是张威的同学，与之相反，他在大学时一直是平凡无奇的，他的成绩一般、长相一般、家庭条件也一般，几乎没有人认为他能取得什么大成就。

　　然而毕业以后，胡力开始认真去了解那些成功人士，渐渐地，他悟出了一些道理："他们并不是一生下来就注定要成功的，他们最初也只是平平凡凡的人，只是他们给自己设置了较高的目标，并找到了实现目标的方法。"他意识到，"平凡人也能够实现自己远大的梦想，我当然也可以。"今天，他已经拥有了一家资产过千万的公司。在他的那些同学中，是当之无愧的佼佼者。

某些条件可以决定人的起点，但选择可以决定方向、心态可以左右生活、细节可以决定命运。如果把人生比作一个牌局，上帝负责为每一个人发牌，牌的好坏不能由我们选择，但我们可以用好的心态去接受现实，即使你手中只是一副烂牌，但你可以尽最大努力将牌打得无可挑剔，让手中的牌发挥出最大威力。相反，如果上帝给了你一副好牌，但你总是四个二带两王这么出牌，那么再好的牌面也会被你糟蹋。

所以说，先天的条件不好没关系，只要还有追求，即使你很平凡，但你的每一个决定，都是在创造全新的自己。你的命运其实一直就在自己手上，所以别把自己的人生当儿戏。

每个人都有自己独特的天赋

李白在屡受挫折后，发出这样一声长啸："天生我材必有用，千金散尽还复来！"这绝不是失望后的自我慰藉，这其中饱含对

自我、对个人价值的绝对肯定，是一种非常强大的自信。

正如李白所言，每个人来到世界上，都会有其独特之处，都会存在其独特的价值。由此可以说，每个人在世界上都是独一无二的，每个人都有其"必有用"之才。只是，也许有时才能藏匿得很深，需要全力去挖掘；有时我们的才能又得不到别人的认可……但我们绝不能因此否认自己，更不能因为生活中的挫折、失败而怀疑自己，就此停止了对人生的追求，浑浑噩噩地混生活。

我们看到，很多人今天成功了，但却不曾知道，他们也曾有过痛苦经历——他们也曾被老师、同事，甚至是家人所阻挠，众人否定他们的才能，断言他们绝不可能做成自己想做的事。而他们之所以能够走到今天这一步，就在于他们找到了自己所具备的"才"，并通过努力将其淋漓尽致地发挥了出来。

奥托·瓦拉赫是诺贝尔化学奖获得者，他的成才过程极富传奇色彩。刚上中学的时候，奥托的父母希望他能够在文学上有所成绩，他们支持他在这方面发展。不过，仅仅一个学期下来，语文老师就为他写下了这样的评语："奥托很努力，但缺乏想象力，这样的人即使有着完美的品德，也绝不可能在文学上有所成就。"父母无奈，只好让他改学油画，可奥托在这方面的才能甚至不如其文学水平，他既不善于构图，又润不好色，对艺术的理解力也非常糟糕，成绩排在全班最后一名。老师对他的评语则更是毫不留情："你在绘画艺术上是不可造就之才。"对于这个"笨拙的少年"，父母有些失望了，大部分老师也都认为他成才无望。只有化学老师对他刮目相看，这个老师认为他做事一丝不苟，具备了做好化学实验应有的品质，于是建议他试学化学。就是这个建议，使奥托的智慧火花一下子被点燃了，这位在文学和绘画艺术上的不可造就之才，若干年后竟然成了化学界的显赫人物。

即使是如今已被公认的天才，曾几何时也曾遭到众人的质疑，也曾受到过各种打击。事实上并不是你不行，而是你还没有发现自己的优势所在，找准属于自己的道路。如果你因为这些打击就对自己失去了信心，觉得自己一无是处，这将造成你今生最大的缺憾。

"天下之物，见行可以测微，智者决之，拙者疑焉"。不要轻视、怀疑自己，不要说"我没有聪明的头脑……""我没有好的口才……""我的记忆力太差……"每个人都有独特的价值和能力，关键在于能不能得到挖掘和利用。张三的口才比你好，不代表他样样都比你强；李四的记忆力胜过你，不一定其他方面也比你优秀。在我国，有一位无师自通的指挥天才——舟舟。这位重度先天愚型患者，500万分之一的发病概率，却在音乐指挥方面取得了常人难以想象的成绩，这足以说明天赋的重要性。

不管你是一个怎样的人，只要你来到了这个世界上，你就有自己的天赋，就有自己的作用和价值。当务之急，你要建立自尊和自信来对自己的优势进行确认，对自我价值进行肯定。此外，你必须独具慧眼，善于发现自我，把握你生命中最重要的"天赋"。

切记，即使是智商很低的人也有自己的天赋。如果你目前的

道路已经走不通了，掉转一个角度去寻找新的人生焦点，用自己特有的处世之道去展示自我。相信自己的能力，用能力折服别人，用能力告诉他们：我是最好，我是唯一！只要你相信"天生我材必有用"，大千世界就一定会有你的用武之地！

不抛弃梦想就能创造奇迹

一个不抛弃梦想的人，魔鬼也许可以阻挡他实现梦想的脚步，却无法阻挡他梦想成真！有着普通头脑的人，高高地仰起头，在生活中满怀热情和信心，从不停止追求自己的梦想，这是最了不起的。

出生在河南农村的门焕新打小就喜欢写写画画，不过父母对他的爱好并不认可，他们坚持认为只有好好学习将来才会有出息，只有做教师的舅舅给予了他极大的支持。门焕新的舅舅也是一位书画爱好者，并且具有一定的造诣，少年时的门焕新在舅舅的指导下，书画技艺已经达到了一定的水准。

然而，与此同时，门焕新的学习成绩却在不断下滑。1984年的高考，他名落孙山。这时的门焕新是很想复读再考的，但家庭条件不允许，母亲含着泪对他说："儿啊，家里实在没有能力供你读书啊，是爸妈对不起你。"望着已渐渐有些白发的父母，门焕新不得不暂时顺从命运的安排。

离开校门，门焕新农作之余依然保持着对书画艺术的强烈热爱。除了舅舅，家人和亲戚邻里都在给他泼冷水，但他不为所动，他觉得自己就是喜欢书画，只要不断学习，说不准哪天也能成了书画家呢。

有一次，门焕新用心画了一幅农村田园风光图，得到了舅舅的极大赞许，并鼓励他将这幅画寄给河南农民报社。不久之后，《河南农民报》文艺版就把这幅画刊登了出来。门焕新高兴得一夜没有合眼，这次小小的成功大大地增强了他的自信心。

后来，由于家庭困难，为了供弟弟妹妹上学，门焕新不得不背起行囊外出打工。他打工的第一站是开封，这段日子十分辛苦，他白天干一天的苦力，到了晚上几乎连胳膊都抬不起来，哪还有心思和精力去练习书画呢？这个时候，门焕新有点迷茫了，他问自己：难道我就是个做苦力的命吗？"不，绝不可以这样！我无法放弃对书画的热爱！"想要摆脱命运的门焕新当即作出一个决定：白天工作，晚上去拜访当地书画界有名望的前辈，让他们给自己指一条明路。不久，门焕新打听到开封市文联主席王宝贵家的地址，这位书法名家建议门焕新进入专业院校进修，系统地学习专业知识。

到专业院校进修——这是门焕新少年时就有的渴望啊！可是他哪有钱呢？不过这一次，门焕新没有向命运妥协，他又找了一份兼职工作，拼了命去挣钱。半年以后，勉勉强强攒足了学费，

门焕新终于如愿以偿地进入河南书法函授院研修班。

得益于专业系统的学习，门焕新的书画水平有了极大的提升，他的作品屡屡发表在国内一些颇具影响力的报刊上。不过，这时的他已经结婚生子，生活压力越来越大，他只得再次踏上打工之路。

这一次，门焕新辗转了开封、安阳、郑州、常州、杭州、福州等十几个城市。每到一处，他都会前去拜访当地书画界的名家，虚心地向他们请教。此外，他还通过各种途径，到当地书画院校蹭课偷艺。他就这样一边辛苦劳作，一边不断地汲取着多方的知识。

2004年年初，有位朋友告诉他，福建省福清市国家级科普教育基地正在招收书画艺术类老师，他立刻带着自己发表过的作品和一份简历前去面试，结果，招聘负责人只匆匆扫了一眼简历就拒绝了他，因为他一不是科班出身，二没有名气。但门焕新并没有气馁，他作出了一个大胆的决定：带着作品，直接去找福清市国家级科普教育基地负责人毛遂自荐。

门焕新的自信和胆识让对方刮目相看，更令他感到意外的是，这样一个貌不出奇、名不见经传的农民工，竟然发表过这么多优秀的书画作品。当即，那位负责人决定聘用门焕新为基地书画培训班老师，但需要一个月的试用期检验他的水平！

第一天授课，门焕新虽然讲得有些生硬，普通话也不够标准，但学生们都听得很认真。再次登台，他已经表现得非常轻松和从容。学生们也都被他那精湛的书画技艺所吸引。一个星期以后，负责人告诉他："你可以提前通过试用期了，我们决定和你签订正式合同！"门焕新几乎要跳起来了，可以说从这一刻起，他扭转了命运，真正走进了书画界的大门。

2004 年夏，门焕新的作品被编入一些权威的典籍中，他在书画界的影响力越来越大，翌年，他先后加入了河南省书画协会、中国书画家协会，成为真正意义上的书画家。

从靠干苦力为生的农民工到令人敬仰的大学讲师，不得不说门焕新创造了一个奇迹。然而对此，他在接受采访时却淡淡地说："我一生痴迷书画艺术，没有理由不成功；我几十年如一日追求书画艺术，也没有理由不成功。只要不抛弃梦想，不放弃追求，每个人都会创造这样的奇迹！"

命运和机会对于一些人来说或许是不公平的，但如果不放弃梦想，愿意为之努力，命运是可以改变的。然而，看看我们自己呢？曾经我们也是激情四溢，每个人心里都装着一个美妙的梦，都希望有朝一日能够出人头地，希望自食其力在海边买一所像样的别墅，带着爱人、带着孩子，沐浴阳光，吹着海风……我们的梦想总是那样多姿，那般浪漫。只是，又不知从何时起，我们的激情在一点点消逝，我们对于梦想的追求在逐渐消退，甚至一些人的眼中就只剩下了"柴米油盐酱醋茶"倘若这些也可以称之为梦想的话，那么只能说，我们的梦想在日渐枯萎，幸福感在逐步流逝。

或许，是日益加剧的竞争、是不断增长的压力令我们有所屈服，放弃了心中多姿多彩的梦。我们生活在高压的状态下，每天

迫不得已地为琐事而忙碌，心里想的就是柴米油盐，日日盼的就是多赚些钱，因而忽略了原本令我们一想起来便感到幸福的追求。我们就像被蒙上眼睛的毛驴一样，每日围着磨盘转，总是踏不出那固定的圈，于是就只能平平庸庸、忙忙碌碌、麻麻木木地走完一生，这又何尝不是一种悲哀？

这样的人，倘若你问他为什么活着，他多半会沉思良久，然后迷茫地望向远方。他们的人生，就像一辆不知驶向何处又不会停止的列车，就这样漫无目的地一路行驶下去……这样的人，倘若你问他什么是幸福，他多半会闭口不语，因为他多半不曾思考。

但可以肯定的是，幸福绝不是迷迷糊糊过一生。人这一生，需要有一个理由让自己去奋斗，在奋斗中充实人生，在收获中感受幸福，而这个理由无疑就是梦想。

没有人可以偷走你的梦

一个 23 岁的女孩子，除了爱想象之外，与别人相比没有什么不同，平常的父母，平常的相貌，上的也是平常的大学。

大学的宽松环境让她有了更多的时间去想象，她的脑海中常会出现童话中的情景：穿着白衣裙的芭比娃娃、蔚蓝的天空、绿绿的草地。当然，还有巫婆和魔鬼……他们之间有着许多离奇的故事，她常常动手把这些故事写下来，并且乐此不疲。

在大学里，她爱上了一个男孩，他的举止和言谈真的和童话里的王子一样，他是她想象中的"白马王子"，她很爱他。但是，他却受不了她的脑海中那荒唐的不切实际的想法。她会在约会的时候突然给他讲述一个刚刚想到的童话，他烦透了这样"幼稚"的故事。他对她说："天啊，你已经 23 岁了，但你看起来永远都长不大。"他弃她而去。

失恋的打击并没有停止她的梦想和写作。25 岁那年，她带着改变生活环境的想法，来到了她向往的具有浪漫色彩的葡萄牙。在那里，她很快找到了一份英语教师的工作，业余时间继续写她的童话。

一位青年记者很快走进了她的生活，青年记者幽默、风趣而且才华横溢。她爱上了他，他们很快步入了婚姻的殿堂。但她的奇思异想让他也无法忍受，他开始和其他姑娘来往。不久，他们的婚姻走到了尽头，他留给她一个女儿。

她经受了生命中最沉重的一击。祸不单行的是，离婚不久，她又被学校解聘了。无法在葡萄牙立足的她只得回到了自己的故乡，靠社会救济金和亲友的资助生活。但她还是没有停止她的写作，现在她的要求很低，只把这些童话故事讲给女儿听。

终于有一次，她在英格兰乘地铁，她坐在冰冷的椅子上等晚点的地铁到来，一个人物造型突然涌上心头。回到家，她铺开稿

纸，多年的生活阅历让她的创作热情一发不可收拾。

她的长篇魔幻故事《哈利·波特》问世了，并不看好这本书的出版商出版了这本书，没想到，一上市就畅销全国，达到了数百万册之巨，所有人都为此感到吃惊。

她的名字叫乔安娜·罗琳，她被评为"英国在职妇女收入榜"之首；被美国著名的《福布斯》杂志列入"100名全球最有权力的名人"，名列第25位。

每个人都会想象，但想象最终总被岁月无情地夺去，只留下苍白而又简单的色彩。在这个世俗而又讲求物质的社会中，人们总是认为梦想与成功之间的距离遥不可及。其实并不是如此，成功与失败的分水岭其实就是能否把自己的想象坚持到底。

埃及流传的一个古老传说，正好印证了这个说法。有个开罗人，一天到晚想发财，希望能突然得到一笔巨款。有一天夜里，他梦见从水里冒出一个人，浑身湿淋淋的，一张嘴，吐出1个金币，并且对开罗人说："你想发财吗？有成千上万的金币正等着你呢。"开罗人急着问："在哪里？在哪里？我想发财想得快发疯了。"

"好，"那吐金币的人说，"想发财，你就得去伊斯法罕，只有到那里才能找到金币。"说完就不见了。

开罗人醒过来，辗转反侧，再也睡不着。"天哪！伊斯法罕远在波斯啊，我到底去不去呢？那里有几千里之遥啊，我必须穿越阿拉伯半岛，经波斯湾，再攀上扎格罗斯山，才到得了那山巅之城。"开罗人想，"我可能死在半路，但是不去，我这辈子大概就发不了财了。"去，他不见得一定能发财，谁能相信梦里的事？但是不去，他必定会后悔。

经过几天内心的挣扎，开罗人还是决定冒险。他千里跋涉，历经了许多艰难险阻，终于风尘仆仆地到达了"山巅之城"伊斯法罕。

可是他的辛苦得到了什么样的回报呢！伊斯法罕不但穷困，而且正闹土匪，开罗人随身带的一点值钱的东西都被土匪抢走了。

当地的警卫总算把土匪赶跑，发现了奄奄一息的开罗人，喂他吃东西、喝水，把他救活了。

"听口音，你不是本地人？"一个警卫说。"我从开罗来。""什么？开罗？你从那么远、那么富有的城市，到我们伊斯法罕来干什么？"

"因为我梦见神对我启示，到这里来可以找到成千上万的金币。"开罗人坦白地说。

警卫大笑了起来："为了这个？笑死我了，我也常做梦，梦到我在开罗有个房子，后院有7棵无花果树和1个日晷，日晷旁边有个水池，池底藏着好多金币呢！你真是疯了！快滚回你的开罗吧，别到伊斯法罕来说梦话了！"

开罗人衣衫褴褛、一无所有地回到了开罗，邻居看他的可怜相，都笑他疯了。但是，回家没几天，他竟成为开罗最有钱的人。因为那警卫说的7棵无花果树和水池，正在他家的后院。他在水池底下，挖出了成千上万的金币。

只要你紧握住梦想，就不用怕别人的冷嘲热讽，因为他们无法再次偷走你的梦想。而所有偷梦者泼向你的冷水，正足以灌溉你梦想的种子，使之茁壮成长为大树。你应感谢他们给你泼的冷水，真心地感恩，因为待你梦想成真之后，你将与他们分享。

　　心爱的东西不见了，可以再去买；钱花光了，可以再赚回来；唯独梦想若是被偷走了，就难以再寻觅回来。除非你愿意，否则没有人可以偷走你的梦想。

4

一个不想爬山的人，
谁也不能背着他爬山

一个不想爬山的人，谁也不能背着他爬山，只有你自己改变了，一切才会改变。就算你一辈子登不上山的顶峰，但你心中一定要有座山。它会使你总往高处爬，会使你总有个奋斗的方向，会使你在任何一刻抬起头，都能看到自己的希望。

每个人都有惊人的潜力，
就看你是否愿意将它唤醒

一个人怎样给自己定位，将决定他对人生的经营，你是活得有声有色，还是稀里糊涂，全在于此。志在顶峰的人不会留恋山腰的风景，甘心做奴隶的人永远也不会成为主人。

就算你再年轻、再没有经验，只要你肯把全部精力集中到一个点上，大小都会有所成就；而即使你很聪明、你很有天赋，但如果流连市井，最终也就只能平庸一生。再难的事，只要心中有那么一口志气，且能够专心致志，就能做成，但如果心思散乱、胸无大志，哪怕只是不起眼的成绩，做起来也会比登天还难。人生最关键的就那么几年，你给自己定位成什么，你就是什么，定位能够改变人的一生。

曾赢得世界冠军的中国羽毛球选手熊国宝在接受记者采访时，记者问他："你能赢得世界冠军，最感谢哪位教练的栽培？"

他想了一下，说："如果真要感谢的话，我最该感谢的是自己的栽培。就是因为没有人看好我，我才有今天。"

原来，他入选国家代表队时的任务，只是陪着明星选手练球。然而一直以来，他每天练球的时间都比别人长很多，拍子线断了，他就换上一条线，鞋子破了，补一块橡胶，球衣破了，就补块布，零下十几度的冬天，依然早上 5 点去晨跑练体力。因而，他也成了好些队友的最佳练球对象。

有一年，他入选参加了世界羽毛球大赛，第一场就遇到最强劲的对手。事实上，没有人在意他会不会打赢，因为大家都觉得他就是做陪衬的，但他竟然表现出了所有人都不曾发现的潜力。他一路过关斩将，最后赢了教练心目中最看好夺冠的队友，登上了世界冠军的领奖台。

其实，每个人都拥有惊人的潜力，就看我们是否愿意唤醒它。事实是，如果你将自己看得一文不值，那你一辈子也没有多少价值；如果你能看重自己，你的人生亦会因此厚重起来。将来的你，是成为别人风光的配角，还是叱咤风云的主角，全在一念之间。

遗憾的是，在现实生活中，总有这样一些人：他们也许受了"宿命论"的影响，任何事都指着天来安排；也可能是因为本性懦弱，他们总是希望别人帮助自己站起来；或是因为责任心太差，该做的事情不做，没有丝毫的担当……总之，他们给自己的定位实在太低，所以遇事不敢为人之先，一直被一种消极心态所支配。

于是我们的人生出现了这样的现象：

你一直认为自己是"不可爱的人"，所以当有人夸赞你可爱之时，你甚至认为对方是在虚伪地恭维你，或是刻薄地讽刺你，所以你将那人拒之千里之外。

而且你一直认为自己天生就是受穷的命，所以你不自觉地削

弱了自己的赚钱动机，因而错失了很多机遇。

毫无疑问，那些错误的、过时的定位是隐藏在我们心中的毒药，荼毒我们原本进取的心灵，导致我们离高层次的生活越来越远，所以你必须及时更新自己的定位，改变那些庸俗的想法，这实在是当务之急。

就算生活给了最残酷的待遇，我们依然可以活出自己的瑰丽

生命的意义不在于你在这个世界上停留多久，而是要看你在有限的时间内为这个世界、为自己创造了多少价值。我们活着，可以有两种活法：一种像草，尽管活着，每年还在成长，但毕竟只是棵草，吸收了阳光雨露，却一直长不大。谁都可以踩你，但他们不会因为你的痛苦而产生痛苦；他们不会因为你被踩了，而怜悯你，因为人们本身就没有看到你。另一种活法像树，即便我们现在什么都不是，但只要你有树的种子，即使你被踩到泥土中，你依然能够吸收泥土的养分，自己成长起来。当你长成参天大树以后，遥远的地方，人们就能看到你；走近你，你能给人一片绿色。活着是美丽的风景，死了依然是栋梁之材，活着、死了

都有用。这才是做人和成长的标准。

既然生命给了我们上场的机会，就别辜负它，活着，就活出个样子来，不光是为了自己，也要给那些瞧不起你的人看看。人，可以被剥夺很多东西，甚至是生命，但谁也不能剥夺你的尊严，更无法剥夺你的自由——不管在什么情况下，你都可以选择自己的态度和方式。生活确实有它不公平的地方，但抱怨显然无济于事，其实只要我们能够平心静气，坦然接受人生中的无常，那么就算生活给了我们最残酷的待遇，我们依然可以活出自己的瑰丽。

多年前，尼克·胡哲的父母原本满心欢喜地迎接他们的第一个儿子，却万万没想到会是个没有四肢的"怪物"，连在场医生都惊呆了。那么尼克现在变成什么样子了呢？他凭借顽强的意志和乐观的信念，在全球演讲，鼓舞人心，并于 2005 年获得"澳洲年度青年"称号，2008 年起又开始担任国际公益组织"没有四肢的生命"的 CEO。

第一次见到尼克·胡哲的人，都难免被他的相貌所震惊：尼克就像是一尊素描课上的半身雕像，没有手和脚。不过，尼克并不在意人们诧异的表情，他在自我介绍时常以说笑开场。

"你们好！我是尼克，生于 1982 年，澳大利亚人，今年 28 岁，周游世界分享我的故事。我一年大概飞行 120 多次，我喜欢做些好玩的事情来给生活增添色彩。当我无聊时，我会让朋友把我抱起来放在飞机座位上的行李舱中，我请朋友把门关上。那次，有位老兄一打开门，我就'嘣'地探出头来，把他吓得跳了起来。可是，他们能把我怎么样？难道用手铐把我的'手'铐起来吗？"

"我喜欢各种新挑战,例如刷牙,我把牙刷放在架子上,然后靠移动嘴巴来刷,有时确实很困难,也很挫败,但我最终解决了这个难题。我们很容易在第一次失败后就决定放弃,生活中有很多我没法改变的障碍,但我学会积极地看待,一次次尝试,永不放弃。"

尼克的生活完全能够自理,独立行走,上下楼梯,洗脸刷牙,打开电器开关,操作电脑,甚至每分钟能击打43个字母,他对自己"天外飞仙"一般的身体充满感恩。

"我父母告诉我不要因没有的生气,而要为已拥有的感恩。我没有手脚,但我很感恩还有这只'小鸡腿'(他的左脚掌及上面连着的两个趾头),我家小狗曾误以为是鸡腿差点吃了它。"

"我用这两个宝贵的趾头做很多事,走路、打字、踢球、游泳、弹奏打击乐……我待在水里可以漂起来,因为我身体的80%是肺,'小鸡腿'则像是推进器;因为这两个趾头,我还可以做V字,每次拍照,我都会把它跷起来。"说着说着,他便跷起那两个趾头,绽出满脸笑容——Peace!

尼克的演讲幽默且极具感染力,他回忆出生时父母和亲友的悲痛、自己在学校饱受歧视的苦楚,分享家人和自己如何建立信心、经历转变。"如果你知道爱,选择爱,你就知道生命的价值在哪里,所以不要低估了自己。"在亲友支持下,他克服了各种困境,并通过奋斗获得会计和财务策划双学士学位,进而创办了"没有四肢的人生"(Life Without Limbs)非营利机构,用自己的生命激励众人,如今他已经走访了24个国家,赢得全世界的尊重。

我们的人生应该像河流一样,虽然生命曲线各不相同,但每一条河流都有自己的梦想——那就是奔腾入海。只是很多人不做河流，反而去做那泥沙，让自己慢慢地沉淀下去。是的，沉淀下去，或许你就不用再为前进而努力了，但是从此以后你却再也不见天日。

所以不论你现在的生命是怎样的，你一定要要求自己活出个样子，要有水的精神，像水一样不断地积蓄自己的力量，不断地冲破障碍。当你发现时机不到时，就把自己的厚度给积累起来，当有一天时机到来，你就能够奔腾入海，成就自己的生命。

你能不能活出个样子，是给别人看的，但更是给自己看的，而恰恰，给自己看的这一部分才最真实。你只有自己觉得活得有价值，活得够幸福，那才是真正的幸福。你信与不信，都是这个道理，不改、不变。

当你自己改变了，一切也就变了

如果你真的想改变贫穷的命运，那么就放手去做，你不去做，永远不知道自己有多少潜力。只有做了，你才晓得行动对你意味着什么。畏首畏尾的人永远得不到机遇的青睐，不敢正视贫穷的人永远无法完成对贫穷的逆袭。就算所有人都看轻你，就算

他们用恶毒的语言嘲笑你，但假如你能因此激发出志气，积极地迎上去，大胆地去尝试，全身心地去开拓，去美化自己的人生，你就能扭转人生的败局，但如果你没有这样的勇气，你就会错过很多上天原本想要赐予你的东西。

有一个卖花的小姑娘，在辛苦了一整天以后准备回家吃饭，这时她的手中还有1朵玫瑰花，她看到路边有一个乞丐，于是将那花儿送给了他。

这个小姑娘的不经意之举，却改变了一个人的命运。

乞丐从没想到会有美女送花给自己，幸福来得太突然了，他从来没有用心爱过自己，也没有接受过别人对自己的爱。在他的眼中，这个世界一直是很冷漠的，可这一瞬间，一股暖流在他的心中流淌，当即他作了一个决定：今天不行乞了，回家！

到家以后，他在角落里找出一个瓶子，装了些水，将玫瑰花养了起来。他出神地望着玫瑰花，静静的，呆呆的……突然，他把花拿了出来。原来，他觉得这瓶子太脏了，根本配不上如此漂亮的玫瑰花，他将瓶子洗了又洗，然后重新将花插了进去。

这时他又觉得桌子太脏、太乱了，花儿摆在上面一点也不协调，于是他又开始擦桌子、收拾杂物。

那么，这么漂亮的玫瑰花，这么干净的桌子，怎么能放在这么肮脏的屋子中了。接下来他又开始收拾房间，把所有的物品都摆放整齐，把所有的垃圾清理出去。这个乞丐的家，因为有了这朵玫瑰花而变得整洁、明亮起来。他第一次发现原来自己的生活可以这样整齐。他在屋子里忘情地舞动起来。突然，他发现镜子里有一个蓬头垢面、衣衫褴褛的年轻人，原来自己竟是这副模样，这样的人有什么资格待在这样的房间里与玫瑰相伴呢？于是他立刻去洗了几年来唯一的一次澡，然后找出一件虽然陈旧但还算干净的衣服，又对着镜子刮去了满脸的胡子。这时镜子中出现的，俨然是一个年轻帅气的小伙子。

他突然发现，自己其实还是蛮不错的，为什么要去当乞丐呢？他多年以来第一次这样拷问自己，他的灵魂在瞬间觉醒了。他当即决定，从此以后再不行乞了，他要找一份正正当当的工作。这是他一生中最重要的决定。

因为不怕脏不怕累，很快他就找到了一份工作，心中的那朵玫瑰花一直激励着他。他不懈地努力着，40岁的时候，他成了当地非常有名气的民营企业家。

当你自己改变了，一切也就变了。每个人都有主宰自己生活的能力，前提是你不能放弃自己。别让自己沉沦，只要开始做一些小小的改变，人生终究会有所不同。

今天的你可能很落魄，你抱怨上天不给你机会，感慨命运一直在捉弄你，其实机会可能就在你身边，只是因为你给自己设了限。你觉得自己就是这个落魄的样子，于是你把机会自行放弃了，而机会一旦溜走，就很难再重新拥有。这也是很多人无法逆转人生的一大原因。

其实人生某个时刻的困顿并不可怕，可怕的是困顿的思想，以及认为自己注定落魄、必将死于贫贱的错误观念。这着实是我们人生中绝大的谬误。

要意识到自己能过得很好

生活困顿的人，往往都是受困于心理的高度。如果一个人认为自己没有资格拥有更好的东西，他就会开始敷衍工作和生活，对自己不会再有更高的要求与期望，这个人的能力也会随之逐渐萎靡。因为能力需要在追求的过程中不断激发才能成长，世上所有的伟大成就都缘起于人们对某个事物的追求。这种渴望，不仅能够激发人的勇气，也让人在面对艰难险阻的时候愿意做出某些牺牲，甚至是自己的生命。这种渴望，一旦被唤醒，内心的力量就会被开发、被激发，你就能活得更好。

在河北省廊坊市，一提起姜桂芝，人人都会竖起大拇指。

这个女人在 44 岁下岗了，当时，她的丈夫也失业在家，儿子正在读大学，她是家里的经济支撑，而下岗使得这个唯一的经济来源也被掐断了。她一下子迷茫了，她原本只想安安分分地等到退休，现在，她不知道这个家的出路在哪里。但是她知道，自己绝不能倒下，她还要继续支撑这个家。

她在街上摆了个摊，卖早餐。她是个腼腆害羞的女人，以前在单位，开会发言她都会脸红，说话吞吞吐吐的，惹得同事们放声大笑。现在，她不得不改变了，她的嗓门一下子大了起来，对着街上熙熙攘攘的人群，她硬着头皮高喊："卖油条啦，刚炸好的油条，油好面好口感好！""八宝粥，自家用心熬的八宝粥，又卫生又营养的八宝粥啦！"有些时候，她还会别出心裁地喊出些吸引人的词汇，引得来往的行人不断侧目，生意比她之前想象的要好很多。一个月下来，她粗略地算了一下，差不多赚了2300元，这要比下岗前的工资多出1000多元，她的心里一下子亮了起来。虽然现在很辛苦，但她却很高兴，她觉得自己的生活能过得更好。

由于生意很好，她一个人确实忙不过来，就让开摩的的丈夫和她一起出摊。丈夫爽快地答应了。夫妻俩同心协力，开始了新的人生旅程。他们从当街早餐开始，到租门面房卖小吃，再到开面食加工厂。仅仅用了8年的时间，她也从下岗女工摇身一变成了资产近千万的民营企业家。

在接受记者采访时，姜桂芝说了这样一段话："我实在想不到我的今天会是这么好，以前总觉得自己很平庸，做什么都不成，在单位混口饭吃就满足了。可一下岗，我整个人都变精神了，才觉得自己可以做很多的事情，可以做一番事业。如果不是下岗，恐怕我就浑浑噩噩过一辈子了。"

不管生活给了我们怎样的遭遇，如果我们敢于往上看，就能达到你自己都未曾想到过的高度。许多人举步维艰，往往就是因为他们严重低估了自己。他们思想的局限性，认为自己无用和愚蠢的想法，正是他们人生的最大枷锁。如果一个人自认为无能，

那就没有任何力量可以帮助他去实现成功。

很多时候，正是我们自己把自己围在了城里，主观认识上的偏见、个性上的不足、客观上的陈规陋习等都制约着我们实现生命价值的最大化。如果我们想在一生中有所作为，我们就必须要学会不停地突围。

能让你自怨自艾的，只有你的心

生活，就是要爬过一座座山、迈过一道道的坎儿、拐过一道道弯。假如我们的心松了，翻不过山、迈不过坎儿、转不过弯，每天就只会为自己的遭遇悲悲戚戚，那么就会陷入人生的枯井，再也跳不出来。

那是你精神上的枯井，没有人能够帮你。

从前，有一头倔强的驴。有一天，这头驴一不小心掉进一口枯井里，无论如何也爬不上来。他的主人很着急，用尽各种方法去救它，可是都失败了。十多个小时过去了，他的主人束手无策，驴则在井里痛苦地哀号着。最后，主人决定放弃救援。

不过驴主人觉得这口井得填起来，以免日后再有其他动物甚至是人发生类似危险。于是，他请来左邻右舍，让大家帮忙把井中的驴子埋了，也正好可以解除驴的痛苦。于是大家开始动手将泥土铲进枯井中。这头驴似乎意识到了接下来要发生的事情，它开始大声悲鸣，不过，很快地，它就平静了下来。驴主人听不到声音，感觉很奇怪，他探头向下看去，井中的景象把他和他的老伴都惊呆了——那头驴子正将落在它身上的泥土抖落一旁，然后站到泥土上面升高自己。就这样，填坑运动继续进行着，泥土越堆越高，这头驴很快升到了井口，只见它用力一跳，就落到了地面上，在大家赞许的目光下，高兴地跑去找它的驴妹妹去了。

如果你陷入精神的枯井中，就会有各种各样的"泥土"倾倒在你身上。假如你不能将它们抖落并踩在脚底，你将面临被活埋的境地。不要在苦难中哀号，就像参加自己的葬礼一样。如果你还想绝处逢生，就要想方设法让自己从"枯井"中升出来，让那些倒在我们身上的泥土成为成功的垫脚石，而不是我们的坟墓。

逆境，不等于就是绝境，更何况还能"置之死地而后生"。是生是死，是继续拼搏还是就此萎靡，一切都决定于我们自己，如果能直面人生的惨淡，敢于正视鲜血的淋漓，追求理想一往无前，所有的一切都不过是一场挫折游戏。

不要习惯性地将自己的不幸归责于外界因素，不管外部的环境如何，怎么活——那还是取决于你自己。不要总是像祥林嫂一样反复地问自己那个无聊的问题："怎么会，为什么……"这样的自怨自艾就是在给自己的伤口撒盐，它非但帮不了你，反而会让自己觉得命运非常悲惨，那种沉浸在痛苦中的自我怜悯，对你没有任何好处。

人不能陷在痛苦、烦恼的枯井中不能自拔，哪怕就只剩一成跳出去的可能，我们也要奋力一跃。或许就那么一跃，我们就可以逃出生天。记住，痛苦和困难杀不了你，你能让自己半死不活的，只有你的心。

你发现自己的那一天，就是遇到圣人的时候

你所有的不幸，只能算是生命之歌中一串不协调的颤音。通过调整与努力，仍然可以奏出动听的乐章，同样可以博得满堂的喝彩！为你伴奏的人不必太多，不要总是把目光盯在别人身上，不该把别人的缺失当作自己堕落的理由。

如果一个人，不信任自我，不承认自我，不去发展自我，他还能做什么？扶不起的阿斗，就算别人想帮，又能帮得了多少？人生这条路，没人能够抬着你走完，寄希望于自我才是最可靠、最有利的成功法则。

多年前，美孚石油公司董事长贝里奇到开普敦巡视工作。在卫生间里，他看到一位黑人小伙子跪在地板上擦水渍，并且每擦一下，就虔诚地叩一下头。贝里奇感到很奇怪，问他为什么要这

样做？黑人小伙子回答说，他正在感谢一位圣人。

贝里奇为自己的下属公司拥有这样的员工感到欣慰，接着又问他为何要感谢那位圣人？黑人小伙子说，是圣人帮他找到了这份工作，使他终于有了饭吃。

贝里奇笑了，对他说："我曾遇到一位圣人，他使我成了美孚石油公司的董事长，你愿见他一下吗？"

黑人小伙子感激地说："我是个孤儿，从小靠锡克教会养大，我很想报答养育过我的人，这位圣人若使我吃饭之后还有余钱，我愿去拜访他。"

贝里奇告诉他："在南非有一座很有名的山，叫大温特胡克山。那上面住着一位圣人，能为人指点迷津，凡是能遇到他的人都会前程似锦。20 年前，我来南非登上过那座山，正巧遇到他，并且得到他的指点。假如你愿意去拜访，我可以向你的经理说情，准你一个月的假。"

这位黑人小伙子在 30 天的时间里，一路披荆斩棘，风餐露宿，过草甸，穿森林，历尽艰辛，终于登上了白雪覆盖的大温特胡克山。他在山顶上徘徊了一天，除了自己，什么都没有遇到。

黑人小伙很失望地回来了，他遇到贝里奇后，说的第一句话是："董事长先生，一路我处处留意，直到山顶，我发现，除我之外，根本没有什么圣人。"

贝里奇说："你说得很对，除你之外，根本没有什么圣人。"

20 年后，这位黑人小伙做了美孚石油公司开普敦分公司的总经理，他的名字叫贾姆纳。

当你发现自己的那一天，就是你遇到圣人的时候。这个世界上，有谁会在看穿你的软弱之后，一直默默替你坚强着？不要叹息，世界就是这么现实，只有强者才能适应它的规则。人，总要学着自己长大，然后再学会那些所谓的坚强，最后才能实现自己的梦想，我们只有让自己的内心真正强大起来，才不会让别人看到你的软弱。

　　人生没有如果，很多事情轮不到我们选择，但我们可以依靠自己的努力去争取不一样的结果，让自己更有尊严地活在这个世界上。生活大抵是公平的，它不会让一直奋斗的人一无所获，山谷里的野百合也有春天，我们的生命再卑微也有在阳光下舒展的时候。

　　学着为自己建造一座避难所，那是生活中需要随时准备的，不要当风雨来临之际，一无所有地伫立在漫天的风雨里，将心灵的衣裳打湿，将自我淋落的心沮丧在无边的、潮湿的深渊里。下雨的时候，我们不必寄希望于别人能够送把伞来，要学会编织自己的人生遮雨伞，当你闯过风雨、跨过泥泞，前途便是一片光明，而这一切，都在自我的辛勤创造中。

5

不论你在什么时候开始，
重要的是开始之后就不要停止

在追逐梦想的道路上，每一分钟我们都有可能遇到困难。也许今天很残酷，而明天更残酷，但后天则会很美好，而许多人却在明天晚上选择了放弃，所以看不到后天的太阳。容易放弃的人是得不到最后的阳光的。成功绝不是一蹴而就的事情，关键在于能否持之以恒。

伟大的作品是靠坚持完成的

　　人生路上，我们能否获得成功，往往就在于，当目标确立以后，我们是不是可以百折不挠地去坚持、去忍耐，直至胜利为止。

　　挫折，我们难以避免，这是毫无疑问的事情。而在失败重重打击之下，最简单、最合乎逻辑的做法就是放手不干——大多数人都是这样想的，也是这样做的。这，给我们带来了什么？我们可能已经通过一些努力走到了今天这个程度，但不幸的是，恰恰是由于某个逆境，我们的心软弱了，我们放弃了努力，我们停止了一切行动。于是，我们之前的一切辛苦统统付诸东流……成功最怕的就是这个！如果说一个人每每树立一个目标，又每每只做一点点，每每遇到哪怕是一丁点的挫折，就打退堂鼓，那么终其一生这个人也难以登上大雅之堂。

　　所以，坚持很重要，一个人无论想做成什么事，坚持都是必不可少的，坚持下去，才有成功的可能。说起来，我们坚持一次或许并不难，难的是一如既往地坚持下去，直到最后获得成功。但是，如果我们这样做了，恐怕就没有什么事情能够难倒我们了。

多年以前，富有创造精神的工程师约翰·罗布林雄心勃勃地意欲着手建造一座横跨曼哈顿和布鲁克林的桥。然而桥梁专家们却说这计划纯属天方夜谭，不如趁早放弃。罗布林的儿子华盛顿，是一个很有前途的工程师，也确信这座大桥可以建成。父子俩克服了种种困难，在构思着建桥方案的同时也说服了银行家们投资该项目。

然而桥开工仅几个月，施工现场就发生了灾难性的事故。罗布林在事故中不幸身亡，华盛顿的大脑也严重受伤。许多人都以为这项工程因此会泡汤，因为只有罗布林父子才知道如何把这座大桥建成。

尽管华盛顿丧失了活动和说话的能力，但他的思维还同以往一样敏锐，他决心要把父子俩费了很多心血的大桥建成。一天，他脑中忽然一闪，想出一种用他唯一能动的一个手指和别人交流的方式。他用那只手敲击他妻子的手臂，通过这种密码方式由妻子把他的设计意图转达给仍在建桥的工程师们。整整13年，华盛顿就这样用一根手指指挥工程，直到雄伟壮观的布鲁克林大桥最终落成。

当你想要放弃时，不妨想想这个故事，只要愿意坚持，也许阳光就在转弯的不远处。如果此刻放弃，我们将永远看不到成功的希望。

所谓"开弓没有回头箭"，箭镞一旦射出，必然有去无回。人生亦应如此，迈出脚步以后，若发现路上设有障碍，不妨绕过去或是另辟蹊径，但绝对不能后退到原点，这是我们做人必须奉

行的一种坚持！所以，别让外在力量影响你的行动，虽然你必须对压力做出反应，但你同样必须每天以既定方针为基础向前迈进。用你对成功的想象来滋养你的强烈的欲望，让你的欲望热情燃烧，最好能烧到你的屁股，随时提醒你不可在应该起来而行动时，仍然坐待机会。

坚持到成功的那一刻

曾有人问英国著名登山家马洛里："你为什么要去攀登世界最高峰？"马洛里回答："因为山就在那里。"其实，我们每个人心中都有一座山，只不过，有些人生性怯懦，畏缩不前；有些人信念坚定，即便山高路远，依然一往无前。不为别的，只为登上山顶，品尝一下什么是幸福。

一提起史泰龙，大家都知道他是一个世界顶尖级的电影巨星，可是他未成名之前的故事，你又知道多少？

史泰龙生长在一个酒、赌暴力家庭，父亲赌输了就拿他和母亲撒气，母亲喝醉了酒又拿他来发泄，他常常是鼻青脸肿。

高中毕业后，史泰龙辍学在街头当起了混混儿，直到20岁那年，有一件偶然的事刺痛了他的心。再也不能这样下去了，要不就会跟父母一样，成为社会的垃圾，我一定要成功！

史泰龙开始思索规划自己的人生：从政，可能性几乎为零；进大公司，自己没有学历文凭和经验；经商，没有任何的资金，想不到竟没有一个适合他的工作，他便想到了当演员，不要资本，不需名声，虽说当演员也要条件和天赋，但他就是认准了当演员这条路！

于是，史泰龙来到好莱坞，找明星、求导演、找制片，寻找一切可能使他成为演员的人，四处哀求："给我一次机会吧。我一定能够成功！"可他得来的只是一次次的拒绝。

"世上没有做不成的事！我一定要成功！"史泰龙依旧痴心不改，一晃两年过去了，遭受到了 1000 多次的拒绝，身上的钱花光了，他便在好莱坞打工，做些粗重的零活以养活自己。

"我真的不是当演员的料吗？难道酒赌家的孩子只能是酒鬼、赌鬼吗？不行，我一定要成功！"史泰龙暗自垂泪，失声痛哭。

"既然直接当不了演员，我能否改变一下方式呢？"史泰龙开始重新规划自己的人生道路，开始写起剧本来。两年多的耳濡目染，两年多的求职失败经历，现在的史泰龙已经不是过去的他了。

一年之后，剧本写出来了，史泰龙又拿着剧本四处遍访导演，"让我当男主角吧，我一定行！"

"剧本不错，当男主角，简直是天大的玩笑！"他又遭受了一次次的拒绝。"也许下一次就行！我一定能够成功！"一次次失望，一个个的希望又支持着他！"我不知道你能否演好，但你的精神一次次地感动着我。我可以给你一次机会，但我要把你的剧

本改成电视连续剧，同时，先只拍一集，就让你当男主角，看看效果再说。如果效果不好，你便从此断绝这个念头！"在他遭遇1300多次拒绝后的一天，一个曾拒绝过他20多次的导演终于给了他一丝希望。

史泰龙经过3年多的准备，现在终于可以一展身手了，因此，他丝毫不敢懈怠，全身心地投入。第一集电视连续剧创下了当时全美最高收视纪录，最终，史泰龙成功了！

有人总将别人的成功归咎于运气。诚然，是有那么一点点运气的成分，但运气这东西并不可靠，你见过哪一个英雄是完全依靠运气成功的？而执着，却能使成功成为必然！执着，就是要我们在确立合理目标以后，无论出现多少变故、无论面对多少艰难险阻，都不为所动，朝着自己的目标坚定不移地走下去。一个人若想好好地生存，就需要这种忍耐与坚持。

常常是最后一把钥匙打开了门

有位小伙子爱上了一位美丽的姑娘。他壮着胆子给姑娘写了一封求爱信。没几天她给他回了一封奇怪的信。这封信的封面上署有姑娘的名字，可信封内却空无一物。小伙子感到奇怪：如果是接受，那就明确说出；如果不接受，也可以明确说出，干吗干脆不回信？

小伙子充满信心，日复一日地给姑娘写信，而姑娘照样寄来一封又一封的无字信。一年之后，小伙子寄出了整整99封信，也收到了99封回信。小伙子拆开前98封回信，全是空信封。对第99封回信，小伙子没有拆开它，他再也不敢抱任何希望。他心灰意冷地把那第99封回信放在一个精致的木匣中，从此不再给姑娘写信。

两年后，小伙子和另外一位姑娘结婚了。新婚不久，妻子在一次清理家什时，偶然翻出了木匣中的那封信，好奇地拆开一看，里面的信纸上写着：已做好了嫁衣，在你的第100封信来的时候，我就做你的新娘。

当夜，已为人夫的小伙子爬上摩天大厦的楼顶，手捧着99封回信，望着万家灯火的美丽城市，不觉间已是潸然泪下。

因为屡屡碰壁，便放弃努力，最终与梦想擦肩而过，有多少人都是这样的？许多时候，真正让梦想遥不可及的并不是没有机遇，而是面对近在眼前的机遇，我们没有去"再试一次"。要知道，常常是最后一把钥匙打开了门。

在绝望中多坚持一下下，往往会带来惊人的喜悦。上帝不会给人不能承受的痛苦，所有的苦都可以忍耐。事实上，一个人只要具备了坚忍的品质，便可以苦中取乐，若懂得苦中取乐，则必然会苦尽甘来。

美国有个年轻人去微软公司求职，而微软公司当时并没有刊

登过应聘广告，看到人事经理迷惑不解的表情，年轻人解释说自己碰巧路过这里，就贸然来了。人事经理觉得这事很新鲜，就破例让他试了一次。面试的结果却出乎人事经理意料之外，他原以为，这个年轻人定然是有些本事才敢如此"自负"，所以给了他机会。然而年轻人的表现却非常糟糕，他对人事经理的解释是事先没有做好准备，人事经理认为他不过是找个托词下台阶，就随口应道，"等您准备好了再来吧。"

一周以后，年轻人再次走进了微软公司的大门。这次他依然没有成功，但与上一次相比，他的表现已经好很多了。人事经理的回答仍与上次一样："等您准备好了再来吧"。

就这样，这个年轻人先后5次踏进微软公司的大门，最终被公司录取。

执着能使成功成为必然。

或许我们一路走来荆棘遍布；或许我们的前途山重水复；或许我们一直孤立无助；或许我们高贵的灵魂暂时找不到寄宿……那么，是不是我们就要放弃自己？不！我们为什么不可以拿出勇者的气魄，坚定而自信地对自己说一声"再试一次"！再试一次，结果也许就大不一样。

其实，这世间最容易的事是坚持，最难的事也是坚持。说它最容易，是因为只要愿意做，人人都能做到；说它最难，是因为真正能做到的，终究是极少数的人。但只要你愿意再试一次，你就有可能达到成功的彼岸！

这做人的道理，就好比堆土为山，只要坚持下去，终归有成功的一天。否则，眼看还差一筐土就堆成了，可是到了这时，你却歇了下来，一退而不可收拾，也就会功亏一篑，没有任何成果。所以说，只有勤奋上进，不畏艰辛一往无前，才是向成功接近的最好途径。

先行一步，再行一步，也就到了

有一位禅师欲到普陀寺去朝拜，以酬夙愿。

寺院距离普陀寺有数千里之遥。一路之上，不仅要跋山涉水，还要时时提防豺狼虎豹的攻击。起程之前，徒众都劝阻禅师："路途遥遥无期，师父还是放弃这个念头吧。"

禅师肃然道："老衲距普陀寺只有两步之遥，何谓遥遥无期呢？"

徒众茫然不解。

禅师释道："老衲先行一步，然后再行一步，也就到达了。"

无论做什么事情，只要你迈出开始的一步，然后再走一步，如此周而复始，就会离心中的目标越来越近。不过，如果你连迈出第一步的勇气都没有，那就不要再幻想能有所成了。

有"世界上最伟大的推销大师"之称的汤姆·霍普金斯，在

讲述自己的成功经验时说道：

"你不知道，我在踏入推销界之前是多么落魄，在从事推销后我的命运又发生了怎样的转机。我永远也不会忘记当初参加的那个推销培训班，我的所有收获都源于那次学到的东西，后来，我又潜心学习，钻研心理学、公关学、市场学等理论，结合现代观念推销技巧，终于大获成功。

"在美国房地产界我三年内赚到了3000多万美元，此后我成功参与了可口可乐、迪士尼、宝洁公司等杰出企业的推销策划。在销售方面，我是全世界单年内销售最多房地产的业务员，平均每天卖出一幢房子。后来我的名字进入了吉尼斯世界纪录，被国际上很多报刊称为国际销售界的传奇冠军。

"当我的事业迎来辉煌的时候，有人问我'你成功的秘诀是什么？'

"我回答说'每当我遇到挫折的时候，我只有一个信念，那就是马上行动，坚持到底。成功者绝不放弃，放弃者绝不会成功！'我要坚持到底，因为我不是为了失败才来到这个世界的，更不相信'命中注定失败'这种丧气话，什么路都可以选择，但就是不能选择'放弃'这条路。我坚信自己是一头狮子，而不是头羔羊。在我的思想中从来没有'放弃'、'不可能'、'办不到'、'行不通'、'没希望'这样的字眼。

"坚持就有成功的可能。我知道每一次推销失败，都将会增加我下次成功的概率；每一次客户的拒绝，都能使我离'成交'更近一步；每一次对方皱眉的表情，都是他下次微笑的征兆；每一次的不顺利，都将会为明天的幸运带来希望。

"我要坚持到底，今天的我不可以因昨天的成功而满足，因为这是失败的前兆。我要用信心迎向今日的太阳，只要我有一口气在，我就要坚持到底。因为我了解成功的秘诀就是：只要我坚持到底，马上行动绝不放弃，我一定会成功。"

只要你肯努力，什么时候都不晚，人生不是百米冲刺，而是一场马拉松，只要中途不放弃，最后胜利的人可能就是你。只要你还在走，前路的风光就可以属于你；只要你还在走，你就可能成为走在最前面的人；只要你还在走，你就还可能到达你梦寐以求的目的地。

勒格森的旅程源自一个梦想——他希望能像心目中的英雄亚伯拉罕·林肯、布克·T.华盛顿那样，为他自己和自己的种族带来尊严和希望；能像心目中的英雄一样，为全人类服务。不过，要是实现这个目标，他必须去接受最好的教育，他知道那必须要前往美国。

他未曾想过自己毫无分文，也没有任何的办法支付船票。

未曾想过要上哪所大学，也不知道自己会不会被大学所接受。

他未曾想过这一去便要走 3000 英里之遥，途经上百部落，说着 50 多种语言，而他，对此一窍不通。

他什么都未多想，只是带着自己的梦想出发了。在崎岖的非洲大地上，艰难跋涉了整整 5 天，格勒森仅仅行进了 25 英里。食物吃光了，水也所剩无几，他身无分文。要继续完成后面的

2975 英里似乎不可能了。但他知道，回头就是放弃，就是要重归贫穷和无知。他暗暗发誓：不到美国我誓不罢休，除非我死了。

他大多时候都席天幕地，他依靠野果和植物维生，艰难的旅途生活使他变得又瘦又弱。

一次，他发了高烧，幸亏好心人用草药为他治疗，才不致有生命危险，这时的勒格森几欲放弃，他甚至说："回家也许会比继续这似乎愚蠢的旅途和冒险更好一些。"但他并没有这样做。

两年以后，他走了近 1000 英里，到达了乌干达首都坎帕拉。此时，他的身体也在磨炼中逐渐强壮起来，他学会了更明智的求生方法。他在坎帕拉待了 6 个月，一边干点零活，一边在图书馆贪婪地汲取知识。

在图书馆中，他找到一本关于美国大学的指南书。其中一张插图深深吸引了他。那是群山环绕的"斯卡吉特峡谷学院"，他立即给学院写信，诉说自己的境况，并向学院申请奖学金。斯卡吉特学院被这个年轻人的决心和毅力感动了，他们接受了他的申请，并向他提供奖学金及一份工作，其酬劳足够支付他上学期间的食宿费用。

勒格森朝着自己的理想迈进了一大步，但更多的困难仍阻挡着他。

要去美国，勒格森必须办下护照和签证，还需证明他拥有可往返美国的费用。勒格森只好再次拿起笔，给童年时教导过自己的传教士写了封求助信，护照问题解决了，可是格勒森还是缺少领取签证所必须拥有的那笔航空费用。但他并没有灰心，他继续向开罗行进，他相信困难总有办法解决。他花光了所有积蓄买来一双新鞋，使自己不至于光着脚走进学院大门。

正所谓"苦心人，天不负"，几个月以后，他的事迹在非洲以及华盛顿佛农山区传得沸沸扬扬，人们被他这种坚毅的精神感动了，他们给勒格森寄来650美元，用以支付他来美国的费用。那一刻，格勒森疲惫地跪在了地上……

经过两年多的艰苦跋涉，勒格森终于如愿进入了美国的高等学府，仅带着两本书的他骄傲地跨进了学院高耸的大门。

故事到这里还没有结束，毕业后的格勒森并没有停止自己的奋斗。他继续深造，最后成为英国剑桥大学的一名权威学者。

换做是你，能做得到吗？从遥远且交通不发达的非洲一路艰辛跋涉、风餐露宿、食不果腹，完全是凭着毅力实现了梦想。倘若人人都有这种精神，世界上还有什么事情能够难倒我们？正所谓"性格决定命运"，每个人的性格对成就自己一生的事业都是相当重要的，性格坚强者，会无所畏惧地去做艰难之事；胆怯者只能一步一步避开困难，让自己畏缩在"鸟语花香"之中。这些性格的差异，直接导致成功或失败。

坚持过后才是灿烂的绽放

生命的绽放有时需要去等待。因为人生不会总是一帆风顺，春风得意。在那些不顺利、不如意面前，我们需要的是坚韧的精神，在等待中积聚力量，然后实现灿烂的绽放。

旅行家安东尼奥·雷蒙达前往南美探险，当他历尽艰辛登上海拔 4000 多米的安第斯高原时，被荒凉的草地上一种巨大的草本植物所吸引了。

他马上跑了过去。那植物正在开着花儿，甚是壮观，巨大的花穗高达 10 米，像一座座塔般矗立着。每个花穗之上约有上万朵花，空气中流动着浓郁的香气。雷蒙达走遍世界各地，从来没有见过这样的奇花，他满怀惊叹地绕着这些花细细地观赏。他发现，有的花正在凋谢，而花谢之后，植物便枯萎了！这到底是什么植物？

正当雷蒙达满心疑惑之时，在脚下松软的枯枝败草中，他踩到了一样东西，拾起一看，是一只封闭的铁罐。他撬开铁罐，从中拿出一张羊皮卷来。他小心地展开羊皮卷，上面写着字，虽然有些模糊，他还是细细地看下去。这是一篇旅行日记，日期是

70年前，原来曾经有人到过这里，并关注着这种植物。日记中写道："我被这种植物吸引了，研究许久，不知它们是否会开花儿。经我的判断，它们已经生长了30年了……"雷蒙达极为震惊，难道这种植物要生长100年才会开花儿？

雷蒙达回去以后，将这件事告知了植物学家，植物学家们亲临高原考察，得出结论，这是一个新物种，它们的确是100年才开一次花！他们称这种植物为"普雅"。

用100年的生命去摇曳一次的美丽，普雅花丰盈了自己的一生，也许并不是为了灿烂世人的眼睛。这样的植物，从萌芽到凋零，都是美丽的！因为，在那百年的历程中，有多少风霜？有多少苦寒？这需要怎样的坚韧？怎样的积蓄？可以说，最后那一刻的绽放，不只是惊世之美，更是对坚守生命价值所作出的最圆满的诠释。

那么，想想我们自己，当初立下志向的时候，为的是什么？还不是为了让自己的生命更有价值，让自己的一生不至于庸碌无为，浑浑噩噩。现在如果你想放弃了，不遗憾吗？的确，坚持做一件事情很辛苦，甚至可能不会得到想要的结果，但放弃了，就意味着你之前所付出的一切努力都要付诸东流，不可惜吗？坚持的过程虽然辛苦，但对于人生的意义已经超越了事情本身。

曾看到过这样一件事：

一位登山爱好者决定挑战自己所能承受的极限，他从尼泊尔首都加德满都出发，顺着中尼公路向前行进，最终翻越了喜马拉雅山。

这次挑战用时 46 天，登山爱好者共计徒步行走 1099 千米，其艰辛与困难程度，简直无法用笔墨和言语来形容。

对于这段艰苦的经历，登山爱好者如是说道："在这个过程中，我的痛苦不仅仅是生理上的，它最多的其实是心理上的障碍。"

事实上，很多登山爱好者应该都有过类似体验。在登山的过程中，我们每天真正担心的并不是山有多高、山路有多么陡峭险峻，而是最基本的生活问题。譬如，哪里才是下一站、才能休息？前面的路上还有哪些无法预知的危险，等等。

这位登山爱好者回忆当时的情景，他说："那时我一直不断重复着一个念头——'我还能活着出去吗？'虽然心中忐忑不安，但我从未停止爬向下一个目标的脚步。因为在那种环境下，你一旦懈怠，不能在预计的时间内到达目标地点，说不准就会发生什么。所以我不断地给自己鼓劲——'无论如何都要坚持下去，你一定行的！'"

坚持到最后结果就是，登山爱好者惊喜地发现，自己已经在不知不觉中突破了极限！

破茧成蝶，是破开密织的茧的过程，这个过程的历练能让人铭心刻骨。没有人可以代你成长，一切只是一个人的坚持，痛过之后方有惊现的美丽，坚持过后才有灿烂的绽放。面对人生中的痛苦，我们若能像普雅花一样，用坚定不移的坚守体现生命的价值，那么就可以期望在事业上有所建树。

第二辑
突破观念的墙

为什么你一直没有成就?

因为你随波逐流，没有主张，不敢一个人作决定；你观念传统、只想结婚生子，然后生老病死；你天生脆弱、脑筋迟钝，只想按部就班地工作；你想做无本的生意，你想坐在家里等天上掉馅饼！你退缩了、你什么都不敢做！你没有特别技能，你只有使蛮力！所以，你永远一辈子碌碌无为。很多人想把握机会，但要做一件事情时，往往给自己找了很多理由让自己一直处于矛盾之中！不断浪费时间，虚度时光。如果能努力突破自我，就会离你想要的生活更近一点。

1

当你忽视学习忙于眼前时，
事实上就等于放弃了未来

一个人不可能在出生初期什么都会，而是
要通过学习的。人要学，方可有大悟、成大器。
少数学习的人，要感谢多数不学习的人，因为
有了他们固执己见的衬托，才能实现自己的
超越。

把学习当作最重要的事

20 世纪七八十年代靠"胆子"，八九十年代靠"点子"，那么从此以后则必须靠"脑子"。伟大的苏格拉底有句话非常正确："世界上只有一样东西是珍宝，那就是知识；世界上只有一样东西是罪恶，那就是无知。"

对于已经跨入 21 世纪的我们而言，竞争意味着什么，相信没有一个人会糊涂到找不出答案。但在竞争中靠什么取胜，有的人的观念可能仍然会滞留在 20 世纪，这种观念的落后直接导致的就是人生的落后。正如苏格拉底所说的，知识就是珍宝。21 世纪光凭"胆子"和"点子"是无法走通竞争之路的。知识才是制胜的法宝。

随着社会不断进步，人的平均寿命也随之延长，但知识的寿命却在日渐缩短。知识正在以前所未有的速度更新，让我们在体验着科技快感的同时，也不得不去正视这种速度所带来的压力。如果我们不重视学习，我们就无法取得生活和工作需要的知识，无法使自己适应这个急速变化的时代，就极易在竞争中落败。

　　张晓丽是一个只有高中文化水平的女孩子，但在一次面试中被一家外企录用。好朋友劝她不要去，在外企就职，对于她这样一个只有高中文化水平的女孩子，本来就很艰难了，又要面对两个不同国籍、有着不同文化背景的外国老总，工作难度简直不敢想象。但外柔内刚的张晓丽，对越是不可思议的事，越是觉得富有挑战性，越是有兴趣。

　　刚进公司那段日子是最难熬的。总经理们只把她当成一个只能干杂事的小职员，不停地派些零七八碎的事情让她做，同事们也当她是个毛孩子，张晓丽委屈得不知流了多少泪水。但她忍耐着，抓紧一切机会去学习，学外语、学业务知识，寻找着让别人认识自己的机会。

　　除了把工作做得周到细致外，她还把自己所能见到的各种文件，全部都搬到自己的工作台上，只要有空就去认真翻阅、琢磨，了解、研究公司的业务。对于外文文件的文字障碍，就不厌其烦地去翻看她的那两本无声先生——《英语字典》、《法语字典》。一年多以后，她对公司的业务可以说了如指掌，为自己进入通畅的良性工作循环状况做了坚实的准备。

　　外文水平在不断提高，这种速度令她自己都吃惊不小——业务方面的外文文件看起来盲区少多了。

　　而作为一个大公司的职员，没有足够的现代知识武装头脑，失去生存机遇的可能性就是100%。所以，她给自己制订了严格的学习计划——学习外语、学习计算机。在她的时间表里，休息日的概念早已模糊，在正常的五天工作日，她必须像其他的职员

一样坚守工作岗位，还要为总经理们的活动做好一切安排。为此，她常常加班，时间在她那儿已被挤压得没有什么空隙，经常是别人都快上课了，她才急匆匆地赶到，抱歉地向老师打个招呼，就全神贯注地进入了学习状态。就这样，她还是风雨无阻地坚持着。她常说，等她有了钱，她会给自己选择一个安稳的、理想的学习环境。

社会的竞争对于每个人而言都是残酷的，对于一个只有高中学历的柔弱女孩子，你可以想象她所遇到的种种挫折并非我们用文字就可以尽诉的。但是她成功地站稳了脚跟，就是因为她很清楚知识对于她的作用，并努力地汲取知识来充实自己。当你看到她成功的时候，你是否也看到了她超前的观念？

永远不要给自己的堕落找借口，这对你没有任何益处。正是因为你"没有时间学习"，你才越来越忙；正是因为你"没钱学习"，你才一直都窘迫……事实上，种种借口不过是因为你懒于学习，所以你才突破不了。要知道，就算命运多舛也不能阻止拿破仑、林肯、罗斯福这样的人物崛起，他们即使穷到买不起书的地步，依然可以通过借阅来满足自己对于知识的渴望，纵然是处于最卑微的境地，他们也不会打折理想，也不会堕落到让人看不起的地步。因为，他们自始至终都带着满满的自驱力。

21世纪新型人才的第一特质就是学习能力，社会可能会淘汰有学历而没能力的人，但永远不会淘汰有学习能力的人！记住，谁把学习当作最重要的事，未来就是最重要的人！

所谓天才，实际上是依靠学习

古来一切有成就的人，都很严肃地对待自己的生命，当他活一天，总要尽量多劳动，多工作，多学习，不肯虚度年华，不让时间白白地浪费掉。学习对成功有很大的影响，没见过见识短浅的人能成大事的。对于真正善于学习的人来说，到处都是学问，他们看到的所有事物，都可以提升自己的境界。

犹太人是全世界公认的最会做生意的人。那么，他们的成功秘诀究竟是什么呢？亚伯拉在其畅销书《犹太人的赚钱哲学》中做出了全面而系统的回答。在这本书的序中解思忠作出了解答："一、犹太人非常尊重教育和知识；二、犹太人用昨天的磨难换取今天的成功。一言以蔽之：犹太人通过学习和实践提高了自身的素质。"在犹太人的社会中流传着这样一句谚语："知识是最可靠的财富，是唯一可以随身携带、终身享用不尽的财产。即使变卖一切财产，也要将女儿嫁给学者；为了娶学者的女儿为妻，纵然付出所有的财产也在所不惜。"由此可见，犹太人已经把学习当成了生命中的一部分。作为一个四海为家的流浪民族，犹太人

拥有的最可靠、最宝贵的财富，其实就是知识，而能让犹太人在商界如此出类拔萃的第一要素，其实就是学习。

人的天才只是火花，要想使它成熊熊火焰，那就只有学习！学习！

福特少年时曾在一家机械商店里当店员，周薪只有2美元多一点儿。他自幼好学，尤其对机械方面的书籍更是着迷。因此，他每星期都将大部分薪水用来买书，孜孜不倦地研读，从未间断。

当他和布兰都小姐结婚时，只有一大堆机械杂志和书籍，其他值钱的东西则一无所有。但他已拥有了比金钱更宝贵、更有价值的机械知识。

几年后，福特的父亲给了他200多平方米的土地和一栋房屋。如果他未研读过机械方面的杂志书籍，终其一生，也许只是一个平凡的农夫而已。但已具有丰富的机械知识、胸怀大志的福特，却朝他向往已久的机械世界迈进。此时，从书本上得来的知识，便助他开创出一番大事业。

功成名就之后，福特曾说道："积蓄金钱虽好，但对年轻人而言，学到将来经营所必需的知识与技能，远比蓄财来得重要。""年轻的朋友，先把钱投资于有益的书籍吧！从书上可学到更大的能力。至于储蓄，有了充分的能力致富后，再开始蓄存还来得及。"

知识的积累只有达到一定的数量，才能发挥应有的功能。遗憾的是，目前社会上80%的人都是被动学习者，被逼无奈才会进入学习期。其实，学校里学到的东西仅仅是整个人生的一小部分，更多地来自于社会上的学习。但是会学习的人不多，主动学习，紧跟时代步伐的人更是少之又少，这大概就是成功者只是少数人的原因吧。

今后一切可能的成功，
都要看今日学习的态度和效率

无知导致平庸。积累知识就是一个积累成功的过程。禀赋极高的人并不一定是成功者，而成功者却一定是一个注重知识积累、不断丰富自己的人。有些人总是害怕自己的金钱少于他人，却已经忘了知识早已少于他人。当别人起跳高升时，他却连攀升的梯子都找不到。这是人生的一种悲哀。

做一个祝福他人高升的人固然很好，但做一个被祝福的人难道不是更好吗？

但需要记住的是，没有足够的知识储备，一个人就难以在工作和事业中取得突破性进展，难以向更高地位发展。

在成功之前，一个人要积蓄足够的力量。在这方面，托马斯·金曾受到加利福尼亚的一棵参天大树的启发："在它的身体

里蕴藏着积蓄力量的精神，这使我久久不能平静。崇山峻岭赐予它丰富的养料，山丘为它提供了肥沃的土壤，云朵给它带来充足的雨水，而无数次的四季轮回在它巨大的根系周围积累了丰富的养分，所有这些都为它的成长提供了能量。"

即使在商业领域也是如此。那些学识渊博、经验丰富的人，比那些庸庸碌碌、不学无术的人，成功的机会更大。

有位商界的杰出人物这样说："我的所有职员都从最基层做起。俗话说：'对工作有利的，就是对自己有利的。'任何人在开始工作时如果能记住这句话，前途一定不可限量。"

无论目前职位多么低微，汲取新的、有价值的知识，将对你的事业大有裨益。一些公司的小职员，尽管薪水微薄，却愿意利用晚上和周末的时间到补习学校去听课，或者买书自学。他们明白知识储备越多，发展潜力就越大。

而从一个年轻人怎样利用零碎时间就可以预见他的前途。自强不息、随时追求进步的精神，是一个人卓越超群的标志，更是一个人成功的征兆。

有一句格言说："只因准备不足，导致失败。"这句话可以写在无数可怜失败者的墓志铭上。有些人虽然肯努力、肯牺牲，但由于在知识和经验上准备不足，做事大费周折，始终达不到目的，实现不了成功的梦想。

看看职业中介机构的待业者名录吧，多少身强力壮、受过高等教育的人在这里登记，其中大部分人，因缺乏进一步发展的能力而驻足不前、被人超越、丢了饭碗。这些人本来就没有深厚的根基，工作期间又不注意积累经验、增长才能，当然会被淘汰。

学习能唤起沉睡的脑子，人脑子里的知识都在折旧，只有不断地输入新知识，才能将旧知识替代，才能不被现代社会抛出轨道。人脑子里的知识永远不可能保持它当初的价值，要使自己不落后，就要不断地学习，如果停止学习，就要落伍，就要被现代社会淘汰，在这个世界中，年老不是最可怕的，未老已旧才是人最悲哀的事情。

宋忠友在一个律师事务所任职三年，尽管没有获得晋升，但他在这三年中，把律师事务所的门道都摸清了，还拿到了一个业余法律进修学院的毕业证书。这一切都是为了开办他自己的律师事务所所做的积累，结果他成功了。

而另一些在律师事务所工作的朋友，按从业时间来说，他们的资格够老的了，但他们仍然担任着平庸的职务，赚着低微的薪金。

经过比较，前者立志坚定、注意观察、勤于思考、善于学习，并能利用业余时间深造，必将获得成功；后者恰恰相反，不管他们是否满足于现状，他们都庸庸碌碌地混日子，永无出头之日。

一个前途光明的年轻人随时随地都注意磨炼自己的工作能力，任何事情都想比别人做得更好。对于一切接触到的事物，他都能细心地观察、研究，对重要的东西务必弄得一清二楚。他也随时随地把握机会来学习，珍惜与自己前途有关的一切学习机会，对他来说，积累知识比积累金钱更要紧。他随时随地注意学

习做事的方法和为人处世的技巧，有些极小的事情，也认为有学好的必要，对于任何做事的方法都仔细揣摩、探求其中的诀窍。如果他把所有的事情都学会了，他所获得的内在财富要比有限的薪水高出无数倍。

在工作中积累的学识是一个人将来成功的基础，是他一生中最有价值的财富。

如果你真有上进的志向、真的渴望造就自己、决心充实自己，就必须认识到，无论何时、无论何人都可能增加你的知识和经验。

能通过各种途径汲取知识的人，才能使自己的学识更加广博、深刻，使自己的胸襟更加开阔，也更能应付各种各样的问题。

我们常听到一些人抱怨薪水太低、运气不好、怀才不遇，却不知道其实正身处于一所可以求得知识、积累经验的大校园里。今后一切可能的成功，都要看他们今日学习的态度和效率。

之前所失去的学习机会，
现在一定要找回来

　　如果你在早年因为种种原因而失去了学习的机会，那么你就会永远落伍吗？不是的，只要你想重塑自己，只要你有上进的决心，只要你想弥补因以前失学而造成的知识断层，那么你就自学好了。

　　许多人都有过度重视大学教育的心理，那些不曾受过大学教育的人，时常会感觉到一种自卑感，他们往往认为这是一种无可挽回的损失，是一生都没有办法补救的缺陷。他们甚至这样以为，不管以后怎样去自学都于事无补，根本达不到与大学教育同等程度的知识水平，自修得来的学识总是有限的。然而，一个不争的事实是：世界上许多颇负盛名的学者一开始就没有读过什么大学，有的人甚至连中学的大门都没有跨进过。有一句话说得好："第一个大学生没有导师。"这句话的现实意义乃至哲学意义，都会给人以深刻的启迪。

　　爱迪生只上了 3 个月的小学，但他是世界闻名的发明大王；

高尔基小学也未上完，但他是俄国乃至世界级的大文豪；华罗庚只是个中学生，但他是驰名寰宇的数学家。这些名人，这些成就，这些耀眼的光环，都是他们勤于自学、博览群书的结果。

不仅历史，就是在当代，这样的例子也比比皆是。

耿长东1岁时患上小儿麻痹双腿乏力，9次手术也没有改变他重度残疾的命运。耿长东哭过、绝望过。然而，意志坚强的他没有被重度残疾吓倒，没有放弃对美好生活的向往和对理想的追求。他想：自己还有健全的双手和灵活的大脑，有手有脑就有一切。他坚信一点：自己只要努力，许多事都能做到。

双腿的残疾没有挡住耿长东学习的渴望，那是一条漫漫的自学之路。在十多年的时间里，他学完了小学、中学、大学的全部课程，而且文理双修。在英语学习方面，耿长东更可谓不遗余力。他是通过广播电视自学的英语。为此他长期订阅《中国电视报》、《中国广播报》，以及相关的报纸，目的是可以及时听到他所能收听的所有的英语节目。同时，为了减少学习的盲目性、增加系统性，他认真参照英语教学大纲进行自学，极大地提高了学习效率。

但是自学英语的问题是，不可能做到你想学什么就可以学什么。比如，耿长东特别喜欢英语新闻，经常收看电视英语新闻，因为在他看来，收看英语新闻不但可以了解天下大事，活跃思维，而且有助于训练听力，学习口语。但是电视节目转瞬即逝，而且没有书面材料，让人很难准确掌握新闻语言的特点。怎么办？聪明的耿长东买来了《英语新闻听力模拟训练》和录音带等有关材料，开始进行听力训练，同时又到"英语角"练习会话。在"英语角"里，耿长东是唯一的一位残疾人，他刻苦求学的精神让"英语角"的所有人感动，他的英语水平更让那里的人惊叹不已，甚至连外籍老师都不敢相信他是自学的。

经过十几年的刻苦努力，耿长东先后取得了电视大学英语、高等数学两门课程的结业证书，以及高等教育自学考试英语专业英语精读合格证书。这期间，耿长东还靠自己摸索着苦练，掌握了中英文打字技术，并达到了熟练"盲打"的程度。

学有所成的耿长东决定用自己的知识和双手养活自己，他开了一家翻译社，因为翻译准确，文字质量高，在图书市场火热的那几年，耿长东着实赚了不少钱。即便是经济不景气时，耿长东的翻译社依然经营得有声有色。

人这一生有很多学习机会，而且都是随时随地的，不是说你错过了一次，就再也没有机会进步了。只要你想努力学习并矢志不渝，就完全可以弥补因失学造成的知识断层，甚至有可能成为某一个领域的佼佼者。

从生活中获取知识

在之前很长的一段时间里，文凭都是学历的象征。拥有一张高等文凭，说明这个人的知识是很丰富的，但究竟算不算是人才，还有待考证。因为，无论你学得多好，倘若像器皿一样，只能装进去，却无法发挥其他作用，那么也只能说是"高分低能"。

要知道，文凭或许能够成为你步入职场的"敲门砖"，但它绝不是社会进步的推动力。社会需要的是那些德才兼备、有知识、更有能力的人。仅凭镀金的文凭不足以将你推向成功，没有货真价实的本领，社会一样会将你淘汰。

报纸上曾有过这样一篇报道：某名牌大学高才生，在学校里是个"十项全能"的风云人物，各种证书装了满满一抽屉。但天有不测风云，就在他毕业前夕，一场意外之火烧掉了他的全部家当。他自信能力过人，也就没有急着补办证书，只是请老师开了一个证明。没想到，招聘会一开始他就吃了大亏——各家企业对他才情并茂的自荐信根本不屑一顾，却一再追问他拥有什么证书，尽管他亮出了学校的证明，但最后，对方还是客气地请他走人了。眼看同学们都找到了不错的工作，只有自己毫无着落，他心急如焚——哎！真是"企业大门朝南开，有才无证莫进来！"最后，此君还是在拿出补办的各种证书以后，才找到一份工作。

时过境迁，今时今日各企事业单位已然理智了很多。这是因为，他们先前所招聘的"高文凭者"，大多眼高手低，只挑高管职位，却没有实干能力，给企业造成了很大负担。于是，现在的企事业单位越来越重视能力了。

"拥有哈佛学位，在世界任何一个地方都能混得开"——不少怀揣"哈佛梦"的人都这样认为。那么，哈佛到底有多神？哈佛学子真能个个成功？哈佛的理念真能在中国的土壤上生根发芽吗？未必如此。拥有哈佛文凭却没有能力，有时连工作都难找到的人，其实也并不少见。

戴维斯毕业于哈佛大学，在校时他的成绩出类拔萃，财务、会计等课程门门优秀，投资银行很需要这样的人才，而他也希望能够进入金融领域工作。但先后几次面试，他却一一败下阵来。在学校，他确实是个首屈一指的优等生，但不知为何，偏偏在面试时怯场，哈佛的口才培训课程，看上去在他身上并未起到良好的作用。更恼人的是，甚至连那些成绩一般的学生都可以录用的二流企业，也对其置之不理。最后，他准备的面试公司名单上，就只剩下了一家地方企业。由于连续的挫折，戴维斯饱受打击，他消极地想：我的大学时代就是在这个城市近郊度过的，回到这里有什么不好？

面试开始以后，戴维斯感受到一种前所未有的好气氛——面

试官是一位平易近人的年轻人，而且毕业院校与自己的母校有着良好关系，所以二人谈得非常融洽。戴维斯心想：这次应该没问题了吧！

然而，当面试官问道"你希望加入我们公司，其出发点是什么"时，戴维斯蒙了。

说实话，他原本没想到会来这最后一家候选公司面试，所以准备很不充分，对该公司的情况知之甚少。慌乱之中，他只能把有关投资银行的知识拿出来应付场面，毫无疑问，这又犯了一个致命错误。他的话音刚落，面试官便默默站起身来，打开房门，做出一个"请"的手势："对不起，我们公司可不是投资银行，以前不是，现在不是，将来也不打算成为投资银行。不过你的发言还真让我吃了一惊。迄今为止，把我们与投资银行搞混的人，你还是第一个。请记住，我们公司是美国屈指可数的几家资产管理公司之一，真不知你是怎么从哈佛毕业的。"走出该公司很长时间，面试官的话依然在戴维斯耳边回荡着……

与戴维斯拥有相似遭遇的哈佛毕业生不在少数。那些能找到一份属于自己的工作的人，绝不是人们想象中那样，依靠着哈佛的毕业证书，而是凭借着他们自身的出色能力。

随着社会的发展、竞争的日益激烈，那些不思进取、只知"抱着文凭睡懒觉"的无能之辈，迟早会被社会所淘汰。在当今竞争激烈、瞬息万变的社会，一个人不可能在同一位置静止不动。而当某种"动荡"把人从一个熟悉的环境中抛到另一个完全陌生的地方时，许多人就会不知所措了。其原因就在于，在复杂的现实中，单凭一只脚走路是不牢靠的，人必须学会多种生存本领，做一个能文能武的通才，不仅学业要精，能力更要强。只有具备这样的素质，这样的知识结构，才能在生活中处变不惊，游刃有余。

好问的人只做了5分钟愚人，
不问的人终身是愚人

曾听过这样一个笑话：

某人问："你怎样评价莎士比亚？"

甲说："还可以，只是口感不如'XO'。"

乙反驳道："喂！你不要不懂装懂！莎士比亚是一种甜品，怎么被你说成酒了！"

莎翁，何许人也！竟被拿来与食品相提并论，可怜他一代文坛泰斗，若闻听此言，恐怕再也难瞑目了。这个笑话真的令人啼笑皆非，寥寥数语，满含哲理。它告诫我们：知道就是知道，不知道就是不知道，不要不懂装懂。

既然不懂，为何要装懂呢？细思之，但凡带此陋习者一般原因有二：一是肚中本来没有多少知识，一旦被人问住，想回答

"不知道"，但是又怕自己丢人，所以只好不懂装懂，信口胡诌，答非所问，敷衍了事，从而得以脱身；二是自己的能耐不大，但是却耐不住寂寞，于是就开始在人前人后"打肿脸充胖子"，摆出一副博古通今的架势，张嘴就是"张飞打岳飞，打得满天飞"，专门吓唬那些学识浅薄的人，从而借以扬名。

说到底，不懂装懂其实就是自欺欺人，更是一个人在求知过程中对待缺点和不足的一种遮掩。

其实，我们每个人都不可能对任何事情精通于心，必然有很多需要弥补和学习的地方。而不懂装懂就好像是给不足之处盖上了一块遮羞布，施了个障眼法，暂时挡住了别人的视线，让自己能够苟延残喘。殊不知，等到真相大白的那一天，不懂装懂的人终究是要为自己的无知付出代价的。

有一个博士分到一家研究所里，成为了这个所里学历最高的一个人。有一天，他到单位后面的小池塘去钓鱼，正好正副所长在他的一左一右，也在钓鱼。

"听说他俩也就是本科生学历，有啥好聊的呢？"这么想着，他只是朝两人微微点了点头。

不一会儿，正所长放下钓竿，伸伸懒腰，"噌噌噌"从水面上如飞似的跑到对面上厕所去了。

博士眼睛睁得都快掉下来了。"水上飘？不会吧？这可是一个池塘啊！"

正所长上完厕所回来的时候，同样也是"噌噌噌"地从水上飘回来了。

"怎么回事?"博士生刚才没去打招呼,现在又不好意思去问,自己是博士生哪!

过了一阵,副所长也站起来,走了几步,也迈步"噌噌噌"地飘过水面上厕所了。

这下子博士生更是差点昏倒:"不会吧,到了一个江湖高手云集的地方?"

过了一会儿,博士生也内急了。这个池塘两边有围墙,要到对面厕所非得绕 10 分钟的路,而回单位上又太远,怎么办?

博士生也不愿意去问两位所长,憋了半天后,于是也起身往水里跨,心想:"我就不信这本科生学历的人能过的水面,我博士生不能过!"

只听"扑通"一声,博士生栽到了水里。

两位所长赶紧将他拉了出来,问他为什么要下水,他反问道:"为什么你们可以走过去呢?而我就掉水里了呢?"

两位所长相视一笑,其中一位说:"这池塘里有两排木桩子,由于这两天下雨涨水,桩子正好在水面下。我们都知道这木桩的位置,所以可以踩着桩子过去。你不了解情况,怎么也不问一声呢?"

不懂装懂不仅无用,反而有害。汉代鸿儒董仲舒曾写道:"君子不隐其短,不知则问,不能则学。"所谓"不隐其短"就是要敢于承认自己的不足,敢于解剖自己。"不知则问"就是让自己少几分羞涩与虚伪,多几分坦诚与谦虚。"不能则学"就是要学习自己原来不明白的东西,弥补缺陷,不断充实自己,成为一

个有真才实学的人。

　　无论是谁，他所掌握的，都只是知识海洋里微乎其微的一小部分。然而在现实中，能够认识到这一点的人却很少，以致希腊著名喜剧家阿里斯托芬的弟子阿里斯塔克说："从前，全希腊仅有7位智者，因为只有他们才知道自己的无知。而当前，要找出7个自知无知的人却很不容易。"

2

人生重要的不是所站的位置，
而是所朝的方向

　　你今天站在哪个位置并不重要，但你的下一步如何走却很关键。我们无法延长生命的长度，但却可以增加生命的宽度。无论你今天是多么卑微，但只要你的观念是积极的，并愿意为梦想不遗余力，那么总有一天会达到目的地。

思路决定出路，格局决定成败

    思想是支配一切行动的指南，是令人惊奇而又无可比拟的利器。人具有丰富的思想，使人睿智和高贵；人具有丰富的思想，在改造世界、创造世界的实践活动中，不断推动人类社会的文明进步与发展。正如法国著名科学家、思想家、作家帕斯卡尔先生在他的《人是能够思想的芦苇》中说："人之所以伟大，是因为人有自己的思想。"在帕斯卡尔看来，如果人没有思想，就与芦苇没有区别，而且是"自然界最脆弱的东西"，也是社会上最可怜的。帕斯卡尔一句话解释了人类存在的根本——即人的思想是最强大的利器，这也让我们更深入地认识到人在社会中的地位和价值。

    人有了思想，就具有了自我认识的过程及反省的过程，就能够认识哪些是可贵的，哪些是可悲的，也可以区别事物的好坏和所作所为之善恶。可以因此形成自己的做事风格，评估自己为人处世的水平，同时可以反思自己的错误，汲取经验教训，防患于未然。

    有一次，浙江工业大学举办了一场"生存基金"增值比赛，每组 6 人，每组领 50 元钱，看哪个组能在一天时间内，让它迅速增值。

比赛中，许多同学选择了临时工，但只有少数人成功了，一些建筑工地、送水站等，根本不需要他们，因为大部分大学生很难承担大量的体力劳动。虽然有的同学央求只需要一餐饭作为回报就可以了，但仍然被拒之门外。大部分同学"颗粒无收"，早上领走的 50 元，除了乘车、买饮料、用餐之外，所剩无几。

但有一组同学却带回了 669 元。他们事先在杭州最繁华的武林广场附近做了一个商业调查，决定制订一个直销方案，以这次活动为品牌，说服武林广场附近商家在他们的帽子、衣服、队旗等上面进行冠名。结果，一位饭店老板被同学们说动了，愿意购买冠名权，经过谈判，饭店老板最终以 900 元取得了冠名权。于是，同学们在花费了 200 多元的成本制作饭店广告标识之后，盈利 669 元。这个结果令组织者也意料不到。

组织者事先认为，最明智的办法是批发一些饮料进行售卖，稳扎稳打地让 50 元基金增值。但出售冠名权这个突破常规的创意，让人耳目一新，也取得了不错的成绩。

这只是一场比赛游戏，但是，如果这是一场长长的人生比赛呢？同样也会因为你的思想差异而形成结果差异。人与人最重要的不同就在于想法和思想的不同，思路决定出路，格局决定成败，什么样的思想决定什么样的人生。就像同一生长环境里的双胞胎一样，有可能长大成人之后性情各异，成就也迥然不同，原

因就在于他们对于发生在周围的事有了不同的想法，逐渐地这些想法形成性格、思想、做人做事的态度，最终决定人的一生。

你的命运不是神在指引，
而是由你的想法决定的

任何一个人的内心想法，都是一个构造独特的世界，蕴藏着极大的能量。它的爆发，既可以将你推入万丈深渊，也可以助你走向成功的彼岸。我们要想获取成就，就必须先有自己的思想。没有思想，意识处于混沌时期，连认识自己和看清别人都无法做到，更难对身边的状况作出良好回应。有自己的独特想法，确立正确的人生观念，随着时代的改变迅速调整自己的观念，我们才算找到转变人生的基础和起点。

一个人，只有观念领先了，才会有行动的领先，继而是成就的领先。

多年前，一个新生命在美国犹他州诞生，仿佛是天性使然，他从小就厌倦学校和教会带给自己的束缚，拒不接受传统思想。到了14岁，他忽然想去工作，可年龄又不够，于是他伪造洗礼证书，宣称自己满16岁，混进了一家罐头厂干起了倒污水的工作，又先后做过乳牛场伙计、搬运工、屠宰厂工人、农场农药喷洒工……

身边的亲人都说他太叛逆，将来很难成才，对他不抱什么希望。他27岁时，一家消费金融公司给了他一个正当工作的机会。可是他依然不安分，在他的影响下，几个平均年龄只有二十来岁的年轻人跟随他甩开膀子干，他们的努力产生了很好的效果，公司的业绩奇迹般高速增长，但公司思想保守的领导层最终还是容不下他。不到一年，他就被逐出了公司。后来他流浪到了西雅图市，偶然的机会进入一家金融集团干起了主持筹办消费者借贷业务的行当，日久天长，他不守规矩的本性又渐渐显露出来，在那个保守风气盛行的年代，他破除陈规，改革创新组织与管理的努力再一次流产了。

36岁那年，已是3个孩子父亲的他生活十分窘迫，走投无路的他不得已敲开了美国国家商业银行的门，当了一名实习生，所干的工作与勤杂工差不多，近40岁了经常被各部门调来调去，任人差遣和使唤。

这样下层人的生活，他熬了16年，生性叛逆的个性让他吃尽了苦头，受尽了磨难，却没干成过任何一桩他想干的事。可是，倔强的他不断告诫自己，这一辈子一定要找到一次出彩的机会。

43岁时，在许多人对人生已不再抱出彩希望的时候，他赢得了生命中的一次转机。美国国家商业银行开发信用卡业务，他争取到了一个协助工作的角色，并以超越了非传统的想法获得了银

行高层的支持。带着 30 多年来一直对创新组织与管理的向往与实践，经过近两年的积极探索，他终于成功了。在当时没有互联网的条件下，他发展出一套"价值交换"的全球系统，并借此创建了一个组织——"VISA（维萨）国际"，以至于在以后的 22 年里，成为奥林匹克运动会的铁杆赞助商。如今 VISA（维萨）的营业额是沃尔玛的 10 倍，市场价值是通用电气的 2 倍，成了全球最大商业公司，世界超过 1/6 的人口成为它的客户。他自然而然地被推上了 VISA（维萨）信用卡网络公司创始人的位置，后来又成为"混序联盟"的创始人及 CEO。

他就是入选企业名人堂，并被美国颇具影响力的《金钱》杂志评为"过去 25 年间最能改变人们生活方式的八大人物"之一，他的名字叫——迪伊·霍克。

迪伊·霍克，这位几十年抱着信念挣扎在人生底层的超常思维大师，耗尽他大半生的时光，终于为他平凡的生命画出了一道世上最绚丽的弧，他独特的创业管理理念——"问题永远不在于如何使头脑里产生崭新的、创造性的思想，而在于淘汰旧观念。"让很多人受益匪浅。

要想改变我们的人生，首先就要改变我们心中的想法。只要想法是正确的，我们的世界就会是光明的。事实上，我们与那些成功者之间本身并无太大差别，真正的区别就在于观念：他们一直驾驭着观念，而我们则一直在被观念所驾驭。观念的正确与否，决定了谁是坐骑，谁是骑师。

不改变观念只能天天喝凉水

有一个女工，家里有 3 只水瓶。她是个很勤劳的女人，也非常节俭，只要哪个水瓶没有水了，总是及时去烧水，把空着的那个水瓶注满。她的家中从来没有断过开水，可是一家人一年四季都在喝凉水。这是为什么？

原来，家人每次倒水的时候，女工总是会提醒："先喝之前烧的，这是自家用电烧的水。在家不比在单位，在单位烧水不花自己的钱，凉了倒掉也不可惜。"家人听了以后，顺从地喝了凉水。于是，女工家天天烧开水，天天喝凉水。

真正的富足不是靠节省来累积的。不改变观念就只有天天喝凉水，哪怕你再勤劳、再节俭。

现在的我们，大多数人都靠打工过日子。工作多年工资不过几千，省吃俭用半辈子，买个小套房还要借钱。回过头来想一想，决定生活的，或许就是当初的一念之差：如果当初带着几千块钱杀入股市，保不准现在已经成了百万富翁；如果当初肯放下身段花个几百元去摆地摊，没准现在已经成了大老板……可是当初你没做。你可能很勤劳，也能够理性地用钱，但你没有改变生

活的想法，你的潜意识没有引导你去把握那些成功的机会，所以直到今天你还是老样子。

都住在同一片蓝天下，脚踩着同一片土地，一样的政策，甚至一样的学历，一样的班级，为什么有些人可以月赚万元乃至数十万元，有些人却只能保持温饱？许多人百思不得其解，总是认为自己运气不佳。其实成功来源于头脑。

有个穷苦人，因为衣食上的拮据在上帝面前痛哭流涕，诉说着生活的艰苦：累死累活地卖力气，却挣不来几个钱。哭了一阵他开始埋怨起来："这个世界太不公平了，为什么有些人不出什么力气就能大鱼大肉，而我这么勤劳工作却吃不饱穿不暖！"上帝笑了，问他："要怎么样你才觉得公平？"穷苦人急忙说道："要是有人和我在相同的条件下，一起开始工作，他如果还能比我富有，我就没什么可说的了。"

上帝点了点头："好吧！"

话音一落，上帝让一位富人破了产，他现在和这个穷苦人一样窘迫。上帝给了他们一人一座煤山，挖出的煤归他们所有，给他们一个月的时间去改变生活。

两个人一起开挖，穷苦人平时习惯了体力活，挖煤对他来说就是小菜一碟，很快，他就挖了一车煤，拉去集市上卖了钱。然后，他把这些钱全都拿去买了美味的食物，给老婆孩子解馋。那个富人之前没干过重活，挖一会儿歇一会儿还累得头晕眼花。到了傍晚才勉强装满一车拉到集市上。他用卖煤的钱买了几个馒头充饥，留下了大部分。

　　第二天，穷苦人天蒙蒙亮就来到了他的煤山，开始挥舞起他粗壮的胳膊。那个富人早早就去了集市，没多久，他带回两个健壮的大汉，这两个人一到煤山就甩开膀子帮富人挖煤，而富人只站在一旁监督着。一天下来，富人运出了好几车煤，他除了给工人开工钱，剩下的钱还比穷苦人赚的钱多几倍。

　　第二天，富人如法炮制，又雇了几个工人来。就这样，一个月过去了，穷苦人只是刚刚挖开了煤山一角，而富人早就指挥工人挖光了煤山，赚了不少钱，他用这些钱再去投资，不久又发家了。

　　穷苦人从此再也不抱怨了。

　　如果固化、错误的观念不改变，不满意的现状就无法改变。想要改变世界，请先改变你自己。

　　有个牧师临终前对他的妻子说："年轻时，我立志改造这个世界，我到过各个地方，向人们讲述如何生活和应该做什么的道理，但是，"他接着说，"看来是没有起到什么作用，因为没人听我说什么。于是我决定先改变我的家人，但是使我迷茫的是，你们对我的话也不理会，没有发生任何我所希求的变化。"他停顿了一下，叹息道，"后来，到了生命的最后几年，我才认识到，我真正能够影响到的、唯一的人就是我自己。如果我想改变这个世界，我应该从改变自我开始。"

　　如果想法不对，再多努力也白费，想法比努力更重要！今天的市场经济，大鱼吃小鱼，更是快鱼吃慢鱼，是观念的更新，是想法的变革，是头脑的竞赛。想要改变今天的不如意局面，首先

就要改变想法。

如果你能够有意识地改造自己错误的观念、行为，这会使你在做任何一件事时都与众不同。这个时候你会越来越像一个成功者，接着你会自然而然地认为自己与别人不一样，你觉得自己就应该多学、多看、多干，你就能迅速提升自己各方面的层次。

永远把自己放在前途无量的位置上

每一个人心里都有一幅自画像。如果你认为自己是最好的，那么心理图画上就会出现一个踌躇满志、不断进取、勇于开拓创新的自我。同时，还会不断收到来自心理的积极暗示。相反，如果你认为自己就是差劲的、落后的，你的生活注定就是这个样子的，那么你的人生肯定会是失败的。

一位长跑运动员参加一个五人小组的比赛，赛前教练对他说："据我了解，其他四人的实力并不如你。"

于是，这名运动员轻松地跑了第一名。后来教练又让他参加了一个十人小组的比赛，教练把平时其他人的成绩拿给他看，他发现别人的成绩并不如自己，他又轻松跑了第一名。

再后来，这个运动员又参加了二十人的小组比赛，教练说："你只要战胜其中的一个人，你就能取得胜利。"结果，比赛中他紧跟着教练说的那个运动员，并在最后冲刺时，又取得了第一名。

后来，换了一个地方，赛前，关于其他运动员的情况，教练并没和他沟通过，在五人小组的比赛中，他勉强拿了第一名，后来十人小组的比赛中，他滑到了第二名，二十人的比赛中，他仅仅拿了第五名。而实际的情况是，这次各个组的其他参赛运动员，同第一次的水平完全相同。

生活中的我们往往就是这样，总是给自己安排着一个较低的位置，导致原本不错的潜质挖掘不出来，最后一步步从优秀走向了平庸。人，还是应该高看自己一眼，高看自己一眼并不是说要孤傲标世，而是给自己设定一个可行又不乏高远的目标，刺激自己把握好人生的每一步，并一步步向着更高的目标推进。

人的意识具有操纵人类命运的巨大能力。如果意识中有一个目标，人就会为实现这个目标而行动起来；如果意识中有一个指令，人就会认真执行这个指令。所以说，一个人想着成功，就可能成功，想着失败，就会失败。一个人期望的多，获得的也多，期望的少，获得的也少。成功产生在那些具有成功意识的人身上，而失败的根源在于人们不自觉地认为自己会失败。

保罗·乔治出生在加拿大安大略省的一个小镇。他一共有

8个兄弟姐妹，家境贫寒，所以15岁就到采石场干活了。但保罗·乔治并不甘心自己的一生就困在采石场中，他常常会利用一些闲暇时间听老人们讲述小镇的历史。从那些交谈中，他了解到了外面的世界与小镇的差距，他决定要到外面闯一闯。18岁那年，他辗转来到多伦多，又从那里到了美国。

在美国的生活非常困苦，有多少次他都想回到家乡，感受家乡的温暖，但每每此时，另一个声音就会在心中响起："你是要改变命运的！"

在不懈地努力下，20岁时，保罗·乔治获得了石匠资质认证。不久，政府决定在林肯纪念碑上雕刻林肯的《葛底斯堡讲演词》，乔治凭借出色的技艺成功入选。在雕刻林肯讲演词的时候，乔治被林肯的人生经历彻底打动了。他想：林肯早期的命运几乎和自己一样，但他坚信自己会是个出色的人，在一次次的失败以后一次次地站了起来，最后竟然成了最伟大的总统。那么，如果自己决心改变命运，也一定是能够做得到的。

从那一刻起，他心中的信念更坚定了：保罗·乔治一定能够成为更有用的人，他要当律师。乔治过去只在小镇上过几年学，想到华盛顿大学国家法律中心学习，这个事情的难度不言而喻，何况他每天还要参加大量的工作。但是，困难并没有削弱乔治改变命运的意志，他一下班就去夜校进修，他的工作兜里除了凿子、锤子还时刻都装着课本，他在吃饭的时候都不忘记学习……

苦心人，天不负。保罗·乔治终于考入了华盛顿大学国家法律中心，他在几年的时间里先后获得了法学学士和法学硕士学位。他先是在华盛顿担任律师，工作非常出色，得到了人们的认可，也为自己赚下了第一桶金。后来，他前往纽约开办了一家法律事务所，逐步进入了美国的上流社会。

相信自己能够成功，往往自己就能成功，这是人的意识在起作用。一个人如果下定决心做成某件事，那么，他就会凭借意识的驱动力量，跨越前进路上的重重障碍，成功也就有了切实可靠的保证。

每个人原本都是优秀的，只不过有些人把自己看得太低，所以一步步地将自己从优秀的高位上拉了下来，一直拉到了平庸的位置上。自甘平庸，是人生的一场灾难，也是人生的悲剧。而导演这场灾难和悲剧的，恰恰就是我们自己。

想要阻止灾难和悲剧的发生，就要相信你自己，高看自己一眼，把自己永远放在前途无量的地位上。这个世界上，优秀的人虽然很多，但我们也有权利追求优秀。也许追求优秀需要勇气，更需要付出，但行动和坚持会告诉我们，这样做本身便是收获。

做石子还是做金子，由你来选择

理论上的绝对公平在现实中永远都不存在，抱怨生活的不公非但没有现实意义，反而会产生更大的不公平。所以，你要去适应它。

是的，生活不是绝对的！有可能，你比别人有才华、学历又高，但不如你的人就是比你赚得多；有可能你比别人更漂亮，但不如你的人就是比你嫁得好；有可能，你的学历、经验、阅历、年龄都有优势，但不如你的人就是能够找到更好的工作。这一切，你必须去面对，你抱怨也好，甚至诅咒也罢，事实就在那里，不改不变。

是的，对于生活中不存在绝对的公平，我们或许真的无能为力，但我们却可以控制自己面对它的态度。事实上你只要去适应它，就能够在适应的基础上用自己的能力去改造环境，创造公平。

有这样一则寓言，大家看看能够从中领悟到什么：

某人整天抱怨生活对他不公平，抱怨自己的才能不被人赏识，抱怨上帝拿自己开玩笑。终于，上帝知道了这件事，上帝来到了他的身边，捡起地上的一颗石子扔到石堆里，说："如果石子就是你，把自己找出来。"那人找了好久也没找到。上帝又往石堆里扔了块金子，说："如果金子就是你，把自己找出来。"结果那人一眼就认出了代表自己的金子。

你在这个社会上扮演什么角色，其实完全取决于你自己，每个人刚生出来都是一粒石子，只不过有人将自己锻造成了金子，所以才能更受别人的重视。

如果你还年少，认为世界就应该是绝对公平的，那么只能说你阅历不足，尚且幼稚。

如果说你已经成年，还在寻找绝对的公平，那只能说你活得太不现实。

尹世强是一个刚刚毕业的大学生，面临着找工作的困境。当然对于他而言，毕业就等于失业了，没有任何家庭背景的他只能靠着自己盲目的自信去寻找工作，然而却总是碰壁。但尹世强从来不认为这是老天对他的不公，他认为这些都是成功必须经历的过程，他要加倍努力，哪怕找到的工作与自己的理想差很多，他也认为这是自己学习的机会。

和他同寝室的宋明亮则与他相反，他几乎是含着"金钥匙出生的人"，从小学、初中、高中、大学所有的一切都是家长精心安排的，当然也包括他的工作，对于他来说，一切都很顺利，他甚至没有做出任何的努力就获得了别人梦寐以求的工作。宋明亮的观点就是"这是理所当然的，因为这个社会没有关系是行不通的"。

机缘巧合两人都来到了同一家公司，当然由于家庭背景不同，他们的职位也不同，从而他们的工作状态也完全不同。尹世强珍惜每一次工作机会，把每一次的难题都当成锻炼自己的过程，就这样他不断地提高，不断地丰富自己。而宋明亮却总是利用自己家庭的关系逃避工作、逃避劳动。慢慢地，他不但没有进步，反而跟不上别人的脚步。

　　两年后，尹世强成为该部门的经理，而宋明亮却因为能力不够被淘汰了。

　　生活是公平的。是做石子还是做金子，这要由你来选择。我们需要正确地认识自己，要让别人在石子堆里轻而易举地发现自己，就去努力，去努力将自己变成一块闪闪发光的金子。

　　不要再抱怨，抱怨根本无济于事，关键是你对于生活的态度。事实上，学会如何面对不公平，远比学会如何评价不公平更重要。不公平在我们的生命中不可抹去，但谁又能说它不是一种契机，坚强的人可以把它当作一种激励，在激励中奋起，让自己和世界都变得更加美好。那么，不公平自然会慢慢转变成公平。

在错误的路上，奔跑也没有用

如果有些东西费尽心思也得不到，就没有强求的必要，如果有些事情用尽全力也不能圆满，放弃也不会是遗憾。坚持固然重要，但面对没有结果的事情，我们不必抱残守缺，放弃眼前的残局，也许就会出现一条新的道路，而这条新路很可能就是通向成功的大门。

反之，如果方向错了的话，越是努力，距离真正的目标越远。这是考验我们内心的时候。壮士断腕、改弦更张，从来都是内心勇敢者才能做出的壮举。懂得坚持和努力需要明智，懂得放弃则不仅需要智慧，更需要勇气。若是害怕放弃的痛苦，抱残守缺，心存侥幸，必将遭受更大的损失。

李雪专科毕业后，在一家建筑设计院工作。当初毕业前她来这家设计院实习时，由于勤奋踏实，表现不错，所以尽管设计院当时已经超编，但是院长还是顶着压力聘用了她。由于当时编制所限，只能安排她做资料员。但是院领导多次找她谈话，暗示她

这只是暂时的，希望她不要有压力，要多钻研业务，院里缺的是设计精英，根本不缺资料员，只要她能表现出自己的实力，一有机会就马上将她调出资料室。可是李雪却不这么看，她觉得自己之所以受到"冷遇"，所谓的编制问题只不过是一个借口而已，其实是别人觉得她文凭太低。于是她从一开始当资料员那天起，就厌烦这个工作，因为这离她的理想太远，她想做设计工程师，可是她设计的几个工程，无一例外地都被否定了。她很虚荣，总想在设计院出人头地，看走业务这条路不行，她就想在学历上高人一头，于是一心想考研究生，甚至还规划好了研究生读完再读博士。

可是现实与理想之间毕竟是有着很大差距的，由于底子太差，李雪连续考了三年都没有考上研究生。于是院领导就找她谈话，想鼓励她多钻研点业务，拿出过硬的设计方案来，争取将来能转为设计师。实际上，设计院当时已经有了一个专业设计人员名额，院领导对她真可谓是用心良苦了。但是她权衡来权衡去，觉得还是应该先把硕士学位拿下来再搞业务比较好。她觉得，反正自己已经是设计院的人了，搞专业什么时候都可以，就算再来新人也得排在她后面吧，否则自己的专科文凭将使自己在设计院永远抬不起头来。

但是她错了，设计院本来就是一个萝卜一个坑，每个人都要能踢能打，长期放着这么个不出彩的人，不但同事怨声载道，领导也开始着急了。就在这时，来了一个实习生，设计出来的方案很有新意，院领导犹豫再三，最后还是把这个实习生要来了。按理说，如果李雪此时及时醒悟还是来得及的，但是这时候，她正专心致志地沉浸在她的那些英文单词里，她甚至和同事说，她学英语好像开窍了。那时她的确非常刻苦，走到哪里，都戴着耳机，还经常把自己锁在资料室里，谁敲门也不开，别人找材料，只能打电话给她。

终于有一天，院长非常客气地找她谈话，委婉地表示：设计院虽然有很多人，但每个人在各自领域中都必须具有自己的贡献值和不可替代性，可是她却一点也没有。没有人能长久容忍一个出工不出力的人，所以她从现在起待岗了。

在那种竞争激烈的环境下，李雪为自己不切实际的"志"付出了巨大代价。她曾是那样地喜欢设计院，喜欢这个职业，别人也给了她这个机会。但不幸的是，她没有把它做好。她的失误就在于她没有及时放弃自己的"理想"，而是固执地"一条道走到黑"。

固执之人，即使目标错了，仍要奋力向前，而且自以为意志坚定、态度坚决，因此，导致的恶劣后果可能比没有目标或犹豫不前更可怕。这种盲目心理能让人付出惨重的代价。固执带给人的是失败，而不是成功的幸福。为了事业的成功，或者人生的成功，勇往直前，这本来是件好事，然而一旦走错了路，又不听别人的劝告，不肯悔改，结果就会与自己的奋斗目标相距越来越远。

谚语说，条条大路通罗马。同样的一件事，会有很多种解决方法，同样的人生，亦有很多种活法可选择。我们说坚持就是胜利，但若是选择了错误的方向，则再怎么付出也是枉然。若如此，就该果断地选一条新路，懂得适时地放弃，其实也是一种进步。

3

没有危机是最大的危机，满足现状是最大的陷阱

一个国家如果没有危机意识，这个国家迟早会出问题；一个企业如果没有危机意识，迟早会垮掉；一个人如果没有危机感，必会遭到不可测的横逆。没有危机感，不代表危机不存在；缺乏危机感，将面临更大的危机。为危机做超前准备，就会化危机为转机。

要有一颗不断超越的心

在一部分人的观念意识中，有些工作就是"铁饭碗"，找到了，就觉得自己的一生都得到了保障。然而，在竞争日益激烈的今天，曾经所谓的"铁饭碗"简直少之又少，而且，"铁饭碗"的牢靠程度也越来越小，即使是行政部门以及相关单位也不外如是。

另一方面，在"旱涝保收"的心态影响下，许多人开始变得越发懒散，开始不思进取，他们的生命就是在"等"：等下班、等工资、等退休，等着死亡的到来。由于自己狭窄的观念和固定的生活空间，每天只能在家庭和办公室之间来回反复，因而故步自封，不知道大环境的变化。一旦遭遇了经济寒流，企业要裁员、减薪或调整职务，就会不知所措，甚至生活无以为继。

还有一些人，他们觉得自己既不成功也不失败，不满足于自己目前所拥有的，但又认为自己无力改变现状。在生活的消磨之下，他们逐渐失去了追求，接受了自己就是普通人的想法，接受了自己并不满意的生活。从这个时候开始，他们将目光投向了那些与自己不相上下甚至活得更不如意的人。他们常用来聊以自慰的话就是"比上不足比下有余"。这其实是我们这个社会中大多数人的心态，但事实上这是一种非常糟糕的情况——堕入平庸而且甘于平庸。就生命的意义及生活目标的实现程度而言，平庸就是失败，甚至比失败更可怕，只是大多数人并没有意识到这种糟糕的状况。

平庸的行为源于思想的苍白无力，思想的贫乏则归根于所见之狭隘。人生无常，没有永远不变的事物，守着固定的概念，则永远无法突破自我，臻于完美。

有这样一位朋友，他在 20 世纪 80 年代末随单位来到深圳参加黄田国际机场的建设工作。改革开放后的特区给了他接触新世界的机会，然而由于当时头脑里的固化观念，他拒绝了某公司承诺的"年薪 8 万元"的邀请，在黄田机场完工后随单位离开深圳，到了广东梅州市一个山区县做水库工程。在县城里开了一个工程机械配件经营部，生意还不错。1995 年，工程结束，他放弃了配件经营部，又随单位回到哈尔滨。至今已经近 20 年了。

在一般人看来，他的生活还不错，衣食无缺，旱涝保收，但他却对自己 20 年前的选择懊悔不已。他说："由于我当时没有对自己做出正确的判断，没有对生活做出正确的判断，没有对身处的社会做出正确的判断，所以今天当我在面对岗位竞争危机时、当我为子女购房花光所有积蓄时、当单位有数十辆小轿车而我没有乘坐资格时，我才知道：原来是过去错误的想法决定了我现在糟糕的状况。现在，我就快退休了，可能有人觉得退休以后就可以享清福了，但退休以后我要面对的是什么呢？是百无聊赖的生

活，是疲惫不堪的身体，是勉强可以度日的退休金，甚至家中出现一点变故，我都有可能捉襟见肘。如果可以给我一次重新选择的机会，我想我能做出正确的选择，但生命就这一次，回不到从前了。"

夕阳无限好，只是近黄昏！我们未来的状况取决于现在的想法。如果有人还抱着这位朋友 20 年前的观念不放，那么可以预见，他的未来肯定就是这样百无聊赖的，甚至是老无所依的。生活要求我们必须做出改变！改变的第一步，就是放大你的追求。所有伟大的事业都起源于伟大的追求，所有伟大的成功者同时都是伟大的追求者。追求是一切成就的起点，是整个人类发展进步的起点。追求可以超越目前的现实，许多最初不被看好甚至被冠以荒诞之名的追求，在今天都已经成为了生活中的实际，成为后人更大的追求基础。拥有伟大追求的人，就拥有了极强大的力量，梦想的实现就不可阻挡。

有这样一个很有追求的人，他出生在一个优越家庭，从小聪明伶俐，又勤奋好学，是父母老师、亲朋好友眼中的好孩子。18岁那年，他考入复旦大学，因为成绩非常突出，提前一年毕业，分配到上海一家大型国企。第一年，他在基层埋头苦干，默默无闻；第二年，他一鸣惊人，升任集团下属分公司的副总经理，21岁的副总经理，在上海滩这是个不小的新闻；第三年，他一飞冲天，做到了集团董事长的秘书。一年一个样，三年大变样，这简直是职场奇迹。才华出众，年轻有为，没有人会怀疑，如果他在这条道路上继续走下去，前途无可限量。

可是，他的梦想远不止此，就在事业一帆风顺之时，他毅然决定辞职，要去证券公司。临走之前，有朋友好意提醒他："单位马上要分房子了，等分到了房子你再走不迟。"能在上海拥有一套属于自己的房子，是不少年轻人毕生奋斗的理想，那时他参加工作还不到几年，如果能分到房子，是无比幸运的事情。可他却不以为然，"难道我这辈子还挣不到一套房子？"一句话掷地有声，铿锵有力，朋友无言以对。燕雀安知鸿鹄之志，区区一套房子绑不住他梦想的翅膀。

由于赶上了中国股市的大牛市，他果断出击，很快掘到了人生第一桶金——50万元，不菲的数字，这又是一个骄人的成绩。一路走来，他的人生轨迹近乎完美无缺。那时完全可以找个安稳的工作，安心享受生活。可是那颗与生俱来永不安分的心，让他无法停下脚步，他野心勃勃地开始寻找下一个人生目标，准备创办网络公司。那时正是互联网的冬天，又有好心人劝他："你要懂得知足常乐，现在搞网络几乎不可能成功。"他偏不信。

于是在一间不足10平方米的小屋里，他投入全部家产，创建了盛大网络公司。从此一发不可收拾，他的人生传奇连番上演，人们以前所未有的震惊认识了这个年轻人——陈天桥。短短5年时间，他的个人财富以近乎"光速"飙升！一举登上中国大陆首富宝座，又一次颠覆了人们的想象力。

人常说知足者常乐，但知足者注定平庸。假如给你一份工作，保证你一年赚一亿，你会不会满足？但告诉你一个事实，即使是这样，你也要工作100多年才能赶上现在的陈天桥！陈天桥

的发迹史的确与众不同，因为大多数人都是在逆境中崛起，而他却在顺境中演绎了不一样的传奇，这一切皆因为他有一颗不断超越的心。

其实成功的人都有一个特质，就是不安分。改革开放以来的很多成功者，都是放弃了原来的铁饭碗，才取得了后来的成就。这并不是什么放弃精神，而是来自于骨子里的不安分。在他们看来，年轻时保值，就是贬值；年轻时贬值，就是废材；年轻时增值，才是人才。虽然他们之中也有折戟沉沙的人，但生命一直在跃动，在体现着价值。

保持危机感，不断前进

21 世纪，没有危机感就是最大的危机。你想一成不变，可这个世界一直在变，并且它不会因为你的停顿而停滞向前。大形势要求我们必须做出改变。

看看那些身经百战的企业家是怎么说的：

微软的比尔·盖茨说："微软离破产永远只有 18 个月。"

海尔的张瑞敏总是感觉："每天的心情都是如履薄冰，如临深渊。"

联想的柳传志一直认为："你一打盹，对手的机会就来了。"

百度的李彦宏一再强调："别看我们现在是第一，如果你30天停止工作，这个公司就完了。"

别以为那都是企业家们的事情，事实上你的生活一样危险。在这个不断更新的社会中，一个人的成长过程就像是学滑雪一样，稍不留心就会摔进万丈深渊，只有忧患者才能幸存。

陈应龙曾在一家企业担任行政总监，而如今只是一名待业者。在他成为公司的行政总监之前，他非常能折腾自己，卖命地工作，并且不断地学习和提升自己。他在行政管理上的才华很快得到了老板的肯定，工作三年之后他被提拔为行政主管，5年之后他就升到了行政总监的位置上，成了全公司最年轻的高层管理人员。

然而升官以后，拿着高薪，开着公司配备的专车，住着公司购买的华宅，在生活品质得到极大提升的同时，他的工作热情却一落千丈。他开始经常迟到，只为睡到自然醒；他也开始经常请假，只为给自己放个假；他把所有的工作都推给助手去做。当朋友们劝他应该好好工作的时候，他却说："不需要那么折腾了，坐到这个位置已经是我的极限了，我又不可能当上老总，何必把自己折腾得那么辛苦？"

这时的他俨然把更多精力放在了享乐上。就这样，他在行政总监的位置上坐了差不多两年的时间，却没有一点拿得出手的成绩，又有朋友提醒他："应该上进一点了，没有业绩是很危险的。"

没想到，他却不以为然："我是公司的功臣，公司离不了我，老板不会卸磨杀驴！"

的确，公司很多工作确实离不开他。然而，他的消极怠工最终还是让老板动了换人的念头。终于有一天，当他开着车像往日一样来到公司，优越感十足地迈着方步踱进办公室时，他看到了一份辞退通知书。陈应龙就这样被自己的不思进取淘汰掉了。

被辞退了，高薪没了，车子退了，华宅也收回了，这时的他不得不去租一间小得可怜、上厕所都不方便的单间。

很多人都像上面这位老兄一样，自以为不可替代。其实，这个时代缺少很多东西，但独独不缺的就是人，所以，真的别顺从自己的那根懒筋。

人常说"知足是福"，的确，知足的人生会让我们体会到什么是美好，会让我们知道什么东西才值得去珍惜。但不满足也会告诉我们，其实我们还可以做得更好，我们还可以更进一步。所以，人生要学会知足，但不要轻易满足。在现代社会，竞争的激烈程度不言而喻，无论从事哪种职业，都需要一定的危机感。从某种程度上说，危机感也是一把双刃剑，有时人的危机感过于膨胀，的确会让人心力交瘁，甚至在压力下走向崩溃。可是，如果我们假设一下没有危机感的情形，就会发现，假如危机感消失，那么大到国家小到个体，就都会进入一种自满无知的状态。这种满足感就像酒精一样，麻木了他们的感官，模糊了他们的视线，使他们无法看到大局、长远目标，以及自身所面临的危机。

就像我们前面提到的陈应龙，无论他曾经多么出色，无论他曾为公司做出过多少贡献，从他自我满足、放弃折腾自己的那一刻开始，他的一切就都将变得消极被动。这时的他是一种"当一天和尚撞一天钟"的心态，他把自己所做的每一件事只是当作任务来完成而已，不再思考如何做得更好；这时的他也最容易忽视竞争的存在，自以为已经在竞争中遥遥领先，那么就会像和乌龟赛跑的兔子一样，把自己的优点经营成一种笑话。相反，即使一个人能力并不出众，智慧也不超常，但只要他不安于现状，他愿意不停地折腾自己，力求把每一件事都做到最好，他依然能够获得成功。

所以说，人不能一直停留在舒适而具有危险性的现状之中。因为当你停下前进的脚步时，整个世界并没有和你一起停下，你周围的人仍在不停地前进着。

赶得上潮流，才不会被淘汰

很多人最容易犯的一个错误就是因循守旧、固执己见，不懂得紧跟时代步伐，结果他们也往往会被淘汰。

一家报社被迫关闭了，其原因就在于它不能顺应时代的潮流，报社的领导人不会启用最新的编辑方法，也不愿意外派记者

去采访，更不知道花费一些开支去买传真机，他们甚至也没有计算过，多花一些钱去约一些知名作家做特约撰稿，写出好的稿子，可以增加多少销量。他们请人来做校对，只图薪水便宜，认为水平如何不是重要问题，他们也很希望在新闻的采访费用方面节省些钱，所以大部分新闻都是东抄西剪。

于是，他们的报纸销路日渐下降，同时商家看到销量下降，无人问津，也不再来刊登广告了，到头来只好关门了事。

同样，许多律师所用的还是多年前学来的陈旧法律和老的辩论方法，这些学问在几十年前也许会大出风头，可以处处赢得诉讼的胜利。但是，现在的法律已经有了新的发展，辩论方法也较以前大有进步，而这些一度成功的律师们却一点也不想去学习，他们用来用去就是那些老套路。等到他们发现自己的很多生意已经被那些在律师界还没有多少资历的后起之秀抢走之后，他们才恍然大悟，才知道不断进取的重要意义。

从古到今，世界上不知道有多少人将自己的宝贵精力都白白地耗费在没有任何意义的守旧工作中，他们根本不懂得何谓顺应时代潮流，何谓进取。他们好像整天生活在过去中一样，在别人眼里，他们简直成了呆头呆脑的老古董。

然而，留恋过去对现在的生活没有一点帮助。一个人最要紧的就是顺应时代的潮流，不要让别人说你是一个"落伍者"。人只有赶得上潮流，才会在不知不觉中得到巨大的进步。

一个木匠，造一手好门，他费了多日给自家造了一个门，他想这门用料实在、做工精良，一定会经久耐用。

后来，门上的钉子锈了，掉下一块板，木匠找出一个钉子补上，门又完好如初。后来又掉下一颗钉子，木匠就又换上一颗钉子；后来，又一块木板朽了，木匠就又找出一块板换上；后来，门闩损坏了，木匠就又换了一个门闩；再后来门轴坏了，木匠就又换上一个门轴……于是若干年后，这个门虽然无数次破损，但经过木匠的精心修理，仍坚固耐用。木匠对此甚是自豪，多亏有了这门手艺，不然门坏了还不知如何是好。

忽然有一天邻居对他说："你是木匠，你看看你们家这门。"木匠仔细一看，才发觉邻居家的门一个个样式新颖、质地优良，而自己家的门却又老又破，长满了补丁。于是木匠很是纳闷，但又禁不住笑了："是自己的这门手艺阻碍了自己家门的发展。"木匠一阵叹息："学一门手艺很重要，但换一种观念更重要，行业上的造诣是一笔财富，但也是一扇门，能关住自己。"

当一个人形成了某一根深蒂固的习惯方式之后，换一种观念是非常重要的。由于商业上的激烈竞争、文化上的普遍革新、科学上的不断发明，当今世界上的任何事物都与 10 年前大不一样了。如果一个人的所知所思仍然是 10 年前的东西，那么在现代世界里，根本就没有他的容身之地。比如，一个打算经商的中年男人，在 10 年前他只要会写、会算、会接待顾客就可以了，但现在他非得张大眼睛来看更多其他的形势不可。比如，社会发展的态势、流行的时尚、文化科学等方面的进展，都是他应该密切关心的。

在当今的时代，要想跟随时代的潮流，一定要对各个方面都

有一个全面的了解、深刻的研究，还要随时注意国内外的大小事件、变化和市场的各种情况等。

无论你是做工的、行医的、经商的、当律师的，你都应该永远紧跟时代潮流。俗话说得好："人生如逆水行舟，不进则退。"一个人一旦停下来，驻足不前，一旦对于自己的才能、学识感到满意，那么不久之后，他们就将被不断前进的时代巨轮远远地抛到后面去了。

追求最好的，才会得到最好的

其实，世上除了生命我们无法设计以外，没有什么东西是天定的。只要你愿意设计，你就能掌握自己的命运，突破自己的现状。

因为工作原因，菲菲经常要到外地出差，国内的铁路运输状况大家也知道，她经常买不到有座位的车票。可是无论长途短途，无论车上多挤，菲菲总能找到座位。这是怎么回事？

这件事说穿了其实很简单：菲菲总是耐心地一节车厢一节车厢找座位。这个办法看上去并不怎么高明，但确实很管用。每次，菲菲都做好了从第一节车厢走到最后一节车厢的准备，每次她都无须走到最后。

这是因为像菲菲这样耐着性子找座位的乘客实在寥寥无几。往往是在她找到座位的车厢里尚余若干余座，而在其他车厢的过道和车厢接头处则拥挤不堪，甚至连卫生间里都站了人。其实，大多数乘客都是轻易就被一两节车厢人满为患的假象所迷惑了，没有意识到，在一次又一次的停靠之中，火车十几个车门上上下下的流动中蕴藏着不少提供座位的机遇。就算想到了，大多数人也没有那一份找下去的耐心。此时脚下小小的立足之地已经让他们满足了，他们又担心万一找不到座位，回头连个站着舒服一点的地方也没有了。

不愿主动找座位的乘客往往只能一直站到下车，这就像是那些安于现状、害怕失败的人一样，永远只停留在生活的混沌阶段。相反，如果你去追求最好的，那你经常会得到最好的。

改变是由不满而来。一开始，便有一种梦想，接着是勇敢地去面对，努力地工作去实现，把现状和梦想中间的鸿沟填平。人长大以后，就应该认清自己现在是什么人，将来想做什么人。给自己设定一个可行又不乏高远的目标，刺激自己把握好人生的每一步，并一步步向着更高的目标推进。

一个叫辛迪的美国家庭主妇，觉得自己的房子太小，住着很不舒服，于是她决定依靠自己的力量，在 3 年内购买一栋 600 平方米的房子。对一个家庭主妇来说，这实在是一个不大可能实现的规划。

辛迪决定写一本畅销书，卖到 100 万本。她把这个点子告诉

老公，却换来一顿嘲笑。

辛迪想：别人可以做到的事，我一定也做得到。她不断地告诉自己：我一定会成功，我的书在3年之内一定会卖到100万本，财富会大量涌来，所有的机遇之门都会为我打开。在这样的自我确认下，辛迪开始行动。

辛迪觉得自己这本书的市场在于女性。她发现女性在事业上的工作压力比较大，或者生活上不被先生了解，她想给她们带来一些快乐，这样她们就会把书介绍给周围的朋友。辛迪觉得她的读者们通常会去超级市场、美容院等地方，所以专门打电话给超级市场的采购员以及美容院的老板。

她很直接地向别人推销自己的书："我是某某作家，我最近出了一本书，一定会成为畅销书。我相信这本书摆在你的超级市场，摆在你的服装店，摆在你的美容院，应该会帮你赚不少的钱。"她说，"我将寄一本样书给你，一个礼拜之后，我会再打电话给你。"

辛迪的厉害之处在于，她从来不问别人："你到底有没有兴趣购买？"而是直接就问："你要订购多少本？"

一个礼拜之后，她打电话问："我是辛迪，你看过我的书没有？你准备订购5000本还是1万本？"

对方说："辛迪，你可能不了解，我们这个超级市场从来没有订过任何一本书超过2500本。"

辛迪说："过去等不等于未来？"

对方说："不等于。"

"所以总有一个开始，你准备订购5000本还是1万本？"

对方说："那……我订4000本好了。"

第一笔生意就这样成交了。

辛迪打电话问第二个人："我是辛迪，你收到我的书没有？你即将订1万本还是2万本？"

对方说："你的书很幽默，我和同事都很欣赏。但我们订书从来没有订过这么大的量，我订购4000本好了。"

辛迪说："你简直在侮辱我，你才订购4000本？像你这么大的连锁店你订4000本？你不止侮辱我，还在侮辱你自己，难道连你都不相信你的连锁店卖得出去吗？"

对方吓了一跳，问："一般人订购多少本？"

辛迪说："1万到2万本。"

对方被她说服了："那我订1万2000本！"

之后，辛迪又卖书给军队。

对方告诉辛迪："我们这里的人是不会有兴趣的，我们这里都是男人，你不可能在我们这个地方销售任何书。"

辛迪问："请问你上司是谁？"

"不，我上司也不可能买！"

辛迪不要听"No"，她要听的是"Yes"，她说："把这本书交给你上司，我下个礼拜打电话找你上司，我不找你了。"

结果一个礼拜之后，对方打电话来说："辛迪，我的上司说，我们决定订购4000本。"因为他的上司是女的，她想："天天被男士兵这样整，我现在弄一本书来整你们。"

不管多少人对你说"No"，都不重要，重要的是找到下一个说"Yes"的人。这是辛迪得到的一个经验。

她的书从来没在任何一家书店卖过，完全是自己一个人在卖。依靠不屈不挠的信念和巧妙的推销手段，辛迪的书卖出了整整140万本！之后她又写了好几本书，都很畅销。到这个时候，辛迪要实现的愿望，已经不是买一栋大房子那么简单了。

最伟大的成就在最初的时候只是一个想法，但想法能决定我们未来的状况。也许，你现在的环境并不很好，但你只要有想法并为之而奋斗，那么，你的环境就会改变，梦想就会实现。

多数时候，"不可能"只是懒惰者和懦弱者的借口，是人们主观上对希望的放弃和对自身潜力的限制。其实，生活中，很多人不是没有想法，而是缺乏实现的胆量。到了一定的年纪，他们不敢接受改变，与其说是安于现状，不如坦白一点，那是没有勇气面对新环境可能带来的挫折和挑战。这些人最终只会是一事无成！

然而就目前的情况来看，在我们这个社会中，绝大多数人最缺少的就是想法。或许是生活给予的压力太大，或许是经历了太多的挫折打击，我们的思想大脑里一片空白，人生变得麻木不仁，最后，习惯了这种波澜不惊的生活。但从人生价值的角度看，它是毫无意义的。人生究竟会是何等模样，这取决于你的想法。想法对了，它就能激发出你最大的潜能，让你实现常人难以想象的目标。

每一次的错误，都应该有所领悟

犯错，其实并不可怕，事实上，错误也是一种宝贵的财富。因此，当错误出现在你身上的时候，不要为此感到过分沮丧，更不要因此就退缩不前，当然，最不能做的，是对错误视而不见。所谓"前事不忘，后事之师"，一旦犯了错，你要做的，就是总结教训，不让自己在同一个地方跌倒，保证自己下一次做得更好。

一家大企业公开招聘，应聘者趋之若鹜。该公司把前来应聘的人安排在会议室分三天做三次考核。

第一次考试，张伟便以99分的成绩夺得魁首，而石鹏则以95分的成绩名列第二。

第二次考试，试卷一发下来张伟就愣住了——这次的试题竟然和上次一模一样！开始他还认为试卷发错了。不过招聘单位的监考人员一再强调，试卷绝对没有发错。既然如此，那就把答案再写一遍吧。张伟也懒得去想，自信地把笔一挥，第一个交了卷。随后，其他考生也陆续把试卷交了。每个人脸上都露出自信的神情，每个人都觉得自己胜券在握。考试结果公布，张伟仍以

99 分成绩排在第一位，而交卷最晚的石鹏还是排在第二位，不过他的分数变成了 98 分。

第三次考试准时进行，卷子一发下来考生们就炸锅了，因为考题的内容还是一模一样。考生们对此非常不解，但招聘方一再强调，这就是公司的安排。如果觉得考试不合理，那么随时可以放下试卷走人。

都来到这里了，怎么说也没有就此退出的理由，考生们纷纷低下头去开始答卷。这次更简单了，绝大部分考生都和张伟一样，根本不细看考题，"唰唰"就直接把前两次的答案给搬上去。半个小时左右的时间，考生们就把卷子纷纷交上去了。只有石鹏仍在托腮敲头，冥思苦想。考试时间将近结束时，才将答卷交上去。

第三次考试的结果出来以后，张伟长舒了口气。他还是以 99 分的成绩名利第一，只不过这次并没有独占魁首，石鹏这次也考了 99 分，和他并列第一。不过，张伟一点也不担心，毕竟自己前两次都是领先的。可是到招聘结果公布的时候，张伟郁闷了：公司只录取了石鹏一个人，他落选了。张伟很不服气，直接来到人事部，理直气壮地质问人事经理："我三次都考了 99 分，三次都是第一名，为什么不录用我，而录用比我考核成绩差的人呢？你们这种考核公平吗，还是已经内定好了？"

人事经理严肃地说："我们是很看重应聘人员的考核成绩，但我们并没有向外许诺，谁的成绩最好就录用谁。考分，这只是录用的一个依据，而不是直接结果。你虽然每次都考了最高分，可是你每次的答案都一样，答错的那道题，只在第一次的试卷上看到过你思考的痕迹，其余两次你根本没想过把它做出来，而是直接跳过了。如果我们的员工都和你一样，面对难题时不是思考如何解决而是选择跳过，出现错误时不能改正而是逃避，那么公司迟早不是要被淘汰吗？我们需要的员工不单单要有才华，他更应该懂得反思，善于反思，能在错误中有所领悟的人才能有进步，员工有进步公司才能有发展。我们之所以用同一套试题对你们进行三次考核，不仅仅是要评估你们的知识水平，也是在测试你们的反思能力。很抱歉，在这一点上你没能达到我们公司的要求。"

虽然不能十全十美，但每一次都比上一次更好一些，这正是卓越之人成功的开端，也是他们成功的必然要素之一。"既然太阳也有黑点，人世间的事就不能没有缺陷。"人不犯错不现实，但要学会在错误中成长。

有一个人的运气从小就不好，总是遭遇失败。出生后父母离异，他被人带到孤儿院。或许真的和运气有关，他从小学到高中，成绩永远排在最后 10 名内。此外，只要有赌博性的游戏，他一定是输得最惨的。高中毕业后，他换了十几份工作，总是做不到一年就离职。他不知道他将来要做什么，他只要作任何决定，事后必定失败。他决定开小吃店，做了一两个月，生意惨淡，只好关门。去别人的公司上班，做了没多久，就做错事，最后被老板开除。虽然他的运气不好，他的挫折很多，但是他却很乐观，逢人就说他学到很多东西。而别人问他学到什么时，他回

答："失败和错误的教训！"每个人听到这句话无不捧腹大笑，说他实在是好笑到极点，但他却说："总有一天，所有失败的教训都让我学到之后，就不会再有失败了。"旁人一听，笑得更厉害了，大伙笑他说："失败教训怎么学得完？"

几年后，某个大企业招聘人员，他去应聘，一面试就被高分录取。因为他对任何"突来问题"都回答得有计划性和条理性，主考官难不倒他，惊为奇人，于是优先录取。因为他的失败教训多，对任何事都能设想最坏的状况，帮公司解决了不少问题，表现一直不错，最后被提拔为业务经理，事业一帆风顺。

他功成名就后，有人好奇地问他，年纪轻轻就有这么多的知识和经验，是跟谁学习的。

他回答说："自己。"

的确，生活中，自己就是自己最好的人生导师。除此之外，再也没有人会如此耐心地教你这些人生经验了。

无论做什么事，我们都希望自己是对的。当我们得出正确的结论时，我们会感到特别高兴。但我们应该知道，在人们所做的事情中，很少有人能说哪些事情是100%正确或100%错误的。不犯错误，那是天使的梦想。尘世上的一切都是免不了错误的，但不要让同样的错误再次发生，否则，一错再错，这一辈子就只能和失败纠缠了。

果断转型，成就未来

　　随着年龄的增长，很多人都对自己所从事的工作产生了怀疑和恐慌。有的是因为所做的并不是自己真正喜欢的工作，所以产生了厌倦；有的是因为自身知识结构老化，在竞争中居于劣势；还有的是因为职业特点所限，以后就不宜再干了……他们也常常琢磨着：是不是该给自己的事业重新定位？换种工作是不是会好一点？但他们又总拿不定主意，时间就在一拖再拖中过去了。其实，当你发现你的职业再也吸引不了你，你的工作不再适合你时，就应该果断地转型，给自己换个全新的跑道，你还能赶得上人生的最后一次冲刺！

　　游客在海滩的水洼里看到一种小螃蟹，就请教渔民是什么种类。结果渔民说："这种螃蟹叫寄居蟹，其实也是普通的螃蟹，只不过是被潮水带到岸边来的。如果回到海里它们也可以长到碗口大。可它们总是留恋着海水带来的一点微薄海藻，以此作为食物，吃不饱、饿不死，也长不大！它们会在这里一直拖到水洼干枯，才会回到海中，但并不是所有的都能安全撤退，很多都因为过度虚弱死在海边了！"

想一想，有些人是不是也像那些寄居蟹一样，宁愿守着毫无前途的职业，死拖着不肯转型，等到被迫转型时，才发现已经太迟了！

为了长远利益，牺牲眼前的小利。这句话说起来容易，但又有几人能做到？很多人在事业面临危机时，也想转型，但却由于种种原因舍不得安逸的环境，较高的薪酬，或是外表风光的地位。于是转型的念头转了又转，到最后却只能不了了之。这就像是一只被放进锅里煮的青蛙，温水的时候贪图舒服不肯跳出去，等到烫手的时候想跳也来不及了！

认识萧翰的人都说他这几年老得太快了！萧翰刚刚进入不惑之年，是一家电子厂的技术副厂长，也称得上小有成就，但萧翰这两年过得远没有他的名头那么风光！电子厂规模小，技术落后，在竞争中屡战屡败，现在已经是摇摇欲坠！今天传兼并，明天说倒闭，后天又说要裁员……其实，电子厂的现况萧翰5年前就料到了。他认为电子厂肯定无法适应将来的激烈竞争，所以打算放弃本行，改做保险。他接洽了一家保险公司，而对方对萧翰也十分满意，但考虑到萧翰缺少这方面的经验，因此请他从较低职位做起。就在萧翰兴高采烈准备转行时，却发生了一件事。妻子忽然请求他干完这个月再换工作，萧翰很奇怪就追问为什么，妻子这才吞吞吐吐地说，半个月后是她们同学聚会的日子，她希望到时候丈夫的身份仍能是副厂长。这件事对萧翰触动很大，他觉得转型真不是一件容易的事，方方面面都得考虑到。总得替妻子着想一下吧！吸完了一包烟后，萧翰又放弃了转型计划。现在一想起这件事，萧翰就后悔极了！当时若能趁早转型，何至于有今天呢？

　　与萧翰形成鲜明对比的是张枫。张枫在网络公司工作，也步入中年了，他明显地感受到了危机，他知道，网络里的技术饭碗是年轻人端的，他面临事业转型了。这时，他找到了一个很好的发展方向，且与新机构上司的想法一拍即合。事事都如意，唯独年薪，要比在网络公司的时候少1个百分点。张枫觉得年薪少点没什么，但妻子却对此颇有微词："真没见过你这样的，薪水高的不干，偏要挣少的！你是怕钱多了没地儿放吗？再说40岁的人了，还瞎折腾什么？"面对妻子的指责，张枫也很矛盾。于是，他在半夜给远在国外的哥们儿打了个电话，听完张枫的诉说后，朋友只说了一句："我问你，你还有几个40岁？"这句话使张枫如梦初醒：自己只有一个40岁，现在再犹豫不定，等到50岁时，想转行又有谁会要你？张枫第二天就在众人叹息的眼光里辞去了工作，转到新公司，现在已升到部门经理了。

　　如果你的工作真的不再适合你了，那么，转型就是你最佳的选择。转型了你仍是大有可为；如果你选择安于现状，那你不仅会心情郁闷，还极有可能在长江后浪推前浪的形势下被"后浪"夺去位置，到那时，你可就真的是悔之莫及了。

给自己一片没有退路的悬崖

"狡兔三窟"这个故事让很多聪明人领悟到，凡事应该给自己留下一条甚至多条退路。无可否认，这是一种生存的智慧，但很多人把这种智慧曲解了。哲人的原意是，做人该有退有进，留下后路更是为了以退为进。然而多数人，退路是留下了，却从不知退一步进两步，结果越走越低。

那么，出路在哪里？很多时候，不是前方没有出路，而是我们在苦苦寻觅之时，暂时被迷雾遮了眼，前方似乎一片渺茫。转身一看自己留下的退路，我们动摇了！于是心里有个声音说："退一步吧！"这个声音在不停诱惑着我们。这时，我们有两种选择：一是退回去，重归平庸；二是斩断退路，寻找生命的激越。很遗憾，很多人选择了第一条路。

从这个情况上来说，有时候我们还真应该把自己的退路斩断，当我们难以驾驭自己的惰性和欲望，不能专心前行之时，不妨给自己一片悬崖，让自己无路可退，逼着自己全力以赴地寻找出路，走向成功。

南京有一个年轻人大学毕业后开始求职，但由于他所学的专业实在太冷，半年过去了，仍未找到工作。他的老家是一个偏远山区，为了供他上大学，家里已经拿出了全部的钱，所以即使再没有钱，他也不好意思再跟家里伸手了。

2000年6月的一天，他终于弹尽粮绝了，在那个阳光和煦的午后，年轻人在大街上漫无目的地走着，路过一家大酒楼时，他停住了。他已经记不清有多久不曾吃过一顿有酒有菜的饱饭了。酒楼里那光亮整洁的餐桌，美味可口的佳肴，还有服务小姐温和礼貌的问候，令他无限向往。他的心中忽然升起一股不顾一切的勇气，于是便推开门走了进去，选一张靠窗的桌子坐下，然后从容地点菜。他简单地要了一份烧茄子和一份扬州炒饭，想了想，又要了一瓶啤酒。吃过饭后，又将剩下的酒一饮而尽，他借酒壮胆，努力做出镇定的样子对服务员说："麻烦你请经理出来一下，我有事找他谈。"

经理很快出来了，是个40多岁的中年人。年轻人开口便问："你们要雇人吗？我来打工行不行？"经理听后显然愣住了："怎么想到这里来打工呢？"他恳切地回答："我刚才吃得很饱，我希望每天都能吃饱。我已经没有一分钱了，如果你不雇我，我就没办法还你的饭钱了。如果你可以让我来这里打工，那就有机会从我的工资中扣除今天的饭钱。"

酒楼经理忍不住笑了，向服务员要来他的点菜单看了看说："你并不贪心，看来真的只是为了吃饱饭。这样吧，你先写个简历给我，看看可以给你安排个什么工作。"

此后，这个年轻人开始了在这家酒店的打工生涯，历尽磨

难，他从办公室文秘做到西餐部经理又做到酒店副总经理。再后来，他集资开起了自己的酒店。

给自己一片没有退路的悬崖，并不是说有事没事非要把自己逼到一个什么样的境地，而是在你生活困顿不前却又犹豫不决的时候，给自己一种"置之死地而后生"的勇气和魄力。从某种意义上说，这也是给自己一个向生命高地冲锋的机会，给自己一张出类拔萃的入场券。显然，很多人是不明白这个简单的道理的。他们目前的生活已经没有多少前进的余地，却不想着如何突破，而是给自己设计了很多的退路，在这些退路里，他们心甘情愿让自己的生命发霉、腐烂。他们的生活中没有悬崖的威胁，但也永远没有前进的坦途，没有生命的鲜活。他们也许拥有堪称高寿的生命数量，却无法拥有留之久远的生命质量。

4

即使不成熟的尝试，
也胜于永不执行的计划

有时成功和失败就只差一步，一念之间就可能痛失成功的机会，遇到事情，做了就不会后悔，不做也永远不知道结果会如何。想做就要去做，哪怕会失败，也不要因为错过而后悔。

机会不是等来的

天上不会凭空掉下一块馅饼来，即使掉下来了，也不一定恰好落到你的头上。守株待兔就等于坐以待毙，只有一无是处的人才会选择这种活法。

人的一生其实不算长，机会当然也不是很多，所以更应该把握现在所拥有的和享受现在可以享受的，所以我们每一个人都不要去等待机会，而要去争取、去创造、去抓住机会。这样我们的人生才会充实并且不留遗憾。

一个朋友曾讲过他和妻子的故事，从中能看到决心与精力的相互作用及其幸运的结果：

我和妻子离家的时候，家乡的情况很不好，但是我们发现新地方的情况也不好。这里有许多像我一样的人，没有合适的工作岗位。我在家乡受过良好教育，成绩优秀，获得了行医执照。但在这里我谁也不认识，根本不能指望病人找我看病。去医院求职更无望，因为从医学院毕业的高才生都很难在医院找到工作，当然别指望他们给我留个职位。我和妻子都很着急，我们有一点儿钱，可撑不了多久。但是，枯坐着干搓手无济于事。由于找不到工作，我们决定到乡下看一看。我们买了一辆旧车，开始上路。我们在旅途中的所见所闻令人高兴。乡下的情况比城里好，妻子说："为什么不当一名乡村医生呢？"

我对她说："别心血来潮了，人们都对外地人存有戒心，我的口音这么重，怎能指望在这种地方做医生呢？再说，你一定清楚，每个镇子都有医生。"

可是，只要妻子有了想法，再劝说也没用。从那时起，每当我们停车休息，她都问路过的人："这个镇子需要医生吗？"

当然，人们都以为她很怪，回答说不需要。我求她别问了。我说："求求你，这太让人难堪了。"可是她毫不介意。她是有目标必要达成的女人，要不然就不高兴。后来我甚至讨厌停车，因为人一靠近，她马上就会问："你们这儿需要医生吗？"

几周后，妻子也有些灰心。一天，我们正在开车，我说："别说那些废话了。"她说："或许你是对的。"说完我们停下来休息。这时妻子与身边的人搭话。我还没来得及阻止她，她已经又提出那个老问题。让我惊讶的是，一个男人伸出头来说："你提这个问题，太有意思了。我们那个地方的老医师两天前刚得病死去，我们正想着尽快从外面请个医师来呢。"

妻子对我说："你看，机会来了！"于是，我们到这里跟当地人谈了谈，就开起了诊所。打那以后，一切都很顺利。我们交了许多朋友，再也不想搬家了。

馅饼不会从天上掉下来，没有人整天给你送钱。机会也是如此，它不可能自己送上门来，靠的是你自己的追求。等也永远不

会等来，勇敢去争取才是获得成功的最快途径。实际上，只要你下定决心，积极地面对，主动出击，而不是消极等待，虽然可能会遭遇失败，但终究会抓到机会，交上好运。

走得最远的，常是愿意冒险的人

想法决定活法，这在敢于冒险的人身上能够充分体现出来。这种人有较高的成功欲望，他们往往通过冒险来捕捉和创造人生际遇，并在不断追求中使人生价值得以实现。

顾虑重重的人在观望和犹疑时，机遇已经像水一样从他的指缝中溜走了。我们常说的贻误战机，都是这样的人所为。敢于冒险的人才不会贻误战机，而且能够抓住它，一举而获全胜。

敢冒险是勇者的特质，是一种欲望的驱使，也是一种大智大勇的表现。

沃克开办了一家农机公司，开始的前几年，生意非常清淡，公司面临破产的危险。为了能够让公司起死回生，沃克推出了"保证赔偿"的营销策略。沃克许诺，在机器开始使用两年内，如出现故障，由该公司免费维修。

这是一个极具风险的策略。因为收割机出现故障，究竟是人为操作不当，还是质量原因，公司很难调查清楚。因此几乎所有的公司高级职员都反对这一办法，建议沃克另作考虑。

沃克不为所动，因为他的想法来源于对自己产品的反复研究和思考。他认为自己生产的收割机虽然尚有需要改进之处，但质量方面绝不会出现问题。公司生意不好，在于产品的知名度不高，如果不能在服务方面给予用户足够的保障，就不可能打开营销局面。因此，他认为："投资必有风险，如果公司不开拓一条新路，是难以为继的。"

这一策略果然取得了成功，不过数年，这家公司就成了真正的国际性公司。

沃克敢想，敢做，敢创新，不因害怕失败而不去冒险，敢于尝试，最终成功。这就是现代人能够成功的秘诀！

每个人心中都应该有一种追求无限和永恒的倾向，这种倾向反映在行为上就是冒险。敢想敢做是一笔宝贵的财富，它在使人冲动的同时却又给予人们以热情、活力与敢向一切挑战的勇气。成功人士总能在事前预计到种种可能招致的损失，也就是跨出这一步所承担的风险，但他们不会因此而不敢冒险。

风险总是与机遇并存，机遇也常伴有风险，这是辩证统一的，并且风险越大，其机遇给予的成功指数也越大。为此，只要你观察准确，做好判断，目标明确，那就不妨勇敢地去闯一闯，驯服风险，抓住战机，获得成功。

万无一失意味着止步不前，
那才是最大的危险

要求"保证什么都不会出差错"的人，一般都不能成什么大气候。世界上任何领域一流高手，都是靠着勇敢面对他人所畏惧的事物才出人头地，而一些取得了成功的人，也都是如此，都是以冒险的精神作为后盾的。

冒险是每个人都无法逃避的生存法则，在我们每个人的成长经历中，都经过无数次的冒险：在幼儿时期，我们敢冒险地站起来学走路；年纪稍长时，冒险学骑自行车；如果有条件，有人还冒险学开汽车，学游泳、学跳伞……冒险需要勇气，而有了勇气，才可能动手去做事，没有勇气什么事都做不成。有勇气的人也会害怕，但是他会克服自身的恐惧，向不确定的世界迈进，而那些缺乏勇气的人只能平庸得像蜗牛一样地生活。

也许我们今天已变得稳健而保守，如果这样的话，就需要重新拾回失去的冒险本能，培养健康的冒险精神。

成功与财富，甚至你想拥有的每一样东西，每一项技能都不是与生俱来的。要得到这些，一定要经过冒险的阶段，并发挥

"越失败、越勇敢"的精神，尝试，再尝试，才可能获得。

　　人类的进步与冒险精神是息息相关的，甚至从某种意义上说正是因为人类的冒险精神才促进了人类的进步。哥白尼的天体运行学说，美洲新大陆的发现等无数的事例，证明了人类的一系列发现和创造都是从冒险开始的。勇于冒险的人，并非不惧风险，只是因为他们能认清风险，进而克服对风险的恐惧。勇气源于控制恐惧，而培养冒险精神则始于对风险的了解，特别是对风险所造成的后果的了解。

　　有一个人从小没有看见过海，他很想看一下大海到底是什么样的。有一天他得到一个看海的机会，当他来到海边，那儿正笼罩着雾，天气又冷。"啊，"他想，"我不喜欢海。真庆幸我不是水手，当一个水手太危险了。"

　　在海岸上，他遇见一个水手，他们交谈起来。

　　"你怎么会爱海呢？"这个人奇怪地问，"那儿弥漫着雾，又冷。"

　　"海不是经常都冷和有雾，有时，大海是很美丽的，无论任何天气，我都爱海。"水手说。

　　"当一个水手不是很危险吗？"

　　"当一个人热爱他的工作时，他就不会再害怕什么危险，我们家的每一个人都爱海。"水手说。

　　"你的父亲现在何处呢？"

　　"他死在海里。"

　　"你的祖父呢？"

"死在大西洋里。"

"既然如此，"这个人带着同情和惋惜的语气说，"如果我是你，我就永远也不到海里去。"

"那你愿意告诉我你父亲死在哪儿吗？"

"啊，他在床上断的气。"

"你的祖父呢？"

"也是死在床上。"

"这样说来，如果我是你，"水手说，"我就永远也不到床上去了。"

一个人在冒险的过程中，就会让自己原本平淡无聊的生活变得激动人心起来，而且如果你能勇于冒险求胜，你就能比你想象的做得更好。

吉姆·伯克晋升为约翰森公司新产品部主任后的第一件事，就是要开发研制一种儿童使用的胸部按摩器，然而，这种产品的试制失败了，伯克心想这下完了，可能得卷铺盖走人了。

伯克被召去见公司的总裁，不过，他受到了意想不到的接待。"你就是那位实验失败者吗？"罗伯特·伍德·约翰森问道，"好，我倒要向你表示祝贺。你能犯错误，说明你勇于冒险，而如果缺乏这种精神，我们的公司就不会有发展了。"数年之后，伯克已经成了约翰森公司的总经理，但他依然始终牢记着前总裁的这句话。

迈出一小步，就能跨越一大步

　　胆识，即胆量和见识，这是成功的重要影响因素。当一个人面对困境时，胆识是突破障碍的力量，是创造机遇、反败为胜的基础。有胆识的人，任何情况下都不会轻易将失败说出口，当机遇降临时亦能果断抉择。

　　"胆"和"识"在一个人身上需要相辅相成、高度统一，才能作为成功的优秀素质。如果没有见识只是一往无前，那是鲁莽行事，而有了见识却不能果断抉择，那显然是优柔寡断。此两者缺一，皆不能引导人走向成功，反而会成为前进的障碍。

　　当我们将"胆"和"识"培养出来以后，它会帮助我们克服那些莫名使我们感到害怕的东西，比如，害怕失败、害怕竞争、害怕与人接触、害怕被人嘲笑，或是其他什么使我们内心想要退缩的事情。譬如，遇到一个不熟悉但认识的人，胆小害羞的人常常因为不好意思而故意装作没看见，结果可能会让人误解为目中无人，从而影响人际关系，这个时候我们需要胆识；当一项新任务摆在面前时，胆小退缩的人总是认为自己无法胜任，于是能躲就躲，因而错过了很多发展机遇，这个时候我们更需要胆识；当

一个新鲜事物出现时，胆小犹豫的人总是畏首畏尾，不敢率先尝试，非要等到别人确认没有危险以后，才亦步亦趋，结果只能捡别人吃剩的骨头，一辈子成不了大事……总而言之，胆小退缩的人总是缺乏主动性、勇气和信心，所以可能一再错过原本属于自己的成功和幸福。

乔治和约翰是从小一起长大的朋友，他们的家在约克小镇。约翰胆大心细，敢做敢为；而乔治不爱表现，办事有点缩手缩脚。两个人都顺利地进入了伦敦的大学，而且是同一所大学的同一个专业。

这天，乔治感到身体有些不舒服，约翰就陪他去医院。在前往医院的路上，乔治突然发现一个非常熟悉的面孔，他连忙拉住约翰，低声说："约翰，你快看，那是总理。"

此时，二人与总理之间的距离大概50米左右，总理正和几位官员及记者一边走路一边探讨着什么。片刻之后，总理一行人走到了他们身边，乔治和约翰有点不知所措，乔治更是有些害怕地低下了头。总理来到乔治面前，看了看乔治，然后目光落在乔治胸前的校徽上，说："这是一所不错的学校！"这时的乔治，不知是激动还是害羞，竟然傻乎乎地看着总理，一句话也说不出来。约翰却上前一步，注视着总理，说道："总理先生，您好。"总理亲切地将手放在约翰的肩上，鼓励道："年轻人，要善于学习，敢于突破，国家的未来是你们的！"

第二天，多家媒体的头条刊登的都是总理与约翰在一起的照片，许多传媒对约翰进行了专题采访。朝夕之间，约翰火了起来，成了名人，学校也把总理与约翰的照片作为一种荣誉收藏到了档案馆里。这时，很多同学惋惜地对乔治说："乔治，你错过了一个非常好的成名机会，太遗憾了，但你可以补救的。你应该立刻拿起笔，将你见到总理的情形写出来，送到报社去发表，这样也可以提高你的知名度。"乔治觉得校友的话很有道理，可拿起笔又不知道该写什么，因为自己从始至终没有和总理说过一句话，这件事慢慢就被搁置了下来。

因为已经有了名气，约翰大学毕业以后非常顺利地找到了一份相当不错的工作，而且他有胆有识又愿意努力，没过几年就进入了公司的决策层，生活过得非常惬意。乔治毕业以后回到了小镇，做了一名邮递员，艰苦地工作之余，乔治常常会想，如果自己当年向前跨出那一小步，如今的生活是不是会向前跨越一大步呢？或许，自己真的错过了人生最好的一步棋。

有时候，我们会为一个人或者一件事情而遗憾终身；有时候我们会为了某个目标而等待一生。其实，你当初完全可以使事情朝着另外一个方向发展，只要勇敢地迎上去、勇敢地做事情、勇敢地想问题，关键是勇敢地做自己，这样就能做到人生无怨无悔。

无论做什么事，先要为自己争来机会。机会抢到手，成功的可能已有了一半。有了这种敢于行动的心态，才会使我们成为一个挑战者，愿意尝试新行为，愿意接触陌生人，愿意做陌生的事，愿意探索未知的领域。这样，我们就不会太安于现状，也不会留恋过去，不会让知足与惰性主导我们的行为。

顾虑太多便无法前进

　　有个朋友说，自己的工作很没有前途，他一直都想走，但一直没下这个决心，心里很不甘心，因为他顾虑太多。现在成了家，有了孩子，就更不敢轻举妄动了，也许这样就一辈子了。不甘心却无奈！

　　顾虑太多，永远不能迈出向前突破的艰难一步，不能给自己的未来作决定，也就只能混一辈子。所以，不要顾虑太多，确定了要做什么就勇敢地去做，这样既避免浪费时间，又免得伤神。谨慎一点固然没错，但过度的谨慎就成了畏缩。有的事错过了可以重来，然而，有的事一旦错过，就不可能再有第二次。

　　一位中国留学生应聘一位著名教授的助教。这是一个难得的机会，收入丰厚，又不影响学习，还能接触到最新科技资讯。但当他赶到报名处时，那里已挤满了人。

　　经过筛选，取得考试资格的各国学生有 30 多人，成功的希望实在渺茫。考试前几天，几位中国留学生使尽浑身解数，打探主考官的情况。几经周折，他们终于弄清内幕——主考官曾在朝鲜战场上当过中国人的俘虏！

　　中国留学生这下全死心了，纷纷宣告退出："把时间花在不可能的事上，再愚蠢不过了！"

　　这位留学生的一个好朋友劝他："算了吧！把精力匀出来，多刷几个盘子，挣点儿学费！"但他没听，而是如期参加了考试。最后，他坐在主考官面前。

　　主考官考察了他许久，最后给了他一个肯定的答复："OK！就是你了！"接着又微笑着说："你知道我为什么录取你吗？"

　　年轻留学生诚实地摇摇头。

　　"其实你在所有应试者中并不是最好的，但你不像你的那些同学，他们看起来很聪明，其实不然。你们是为我工作，只要能给我当好助手就行了，还扯几十年前的事干什么？我很欣赏你的勇气，这就是我录取你的原因！"

　　后来，年轻留学生听说，教授当年是做过中国军队的俘虏，但中国士兵对他很好，根本没有为难他，他至今还念念不忘。

　　这个留学生就是后来的吴鹰——UT斯达康公司的中国区总裁，《亚洲之星》评出的最有影响力的50位亚洲人物之一。

　　许多人的脑子太复杂，总爱自作聪明，认为机遇总是属于那些最聪明、最优秀的人才，轻易否定自己，结果浪费了机遇。因此，他们往往还没有走到挑战的边缘就从心理上败下阵来。不如想得简单一些，尝试一下再说，也许，好运就在突破顾虑的那一扇门后面。

等待和犹豫才是这世界上最无情的杀手

有时候，机会老人先给你送上他的头发，当你没有抓住再后悔时，却只能摸到他的头皮了，或者说他先给你一个可以抓的瓶颈，你不及时抓住，再得到的却是抓不住的瓶身了。一个人在机遇面前倘若总是优柔寡断、犹豫不决，就会遭到机遇的鄙夷与抛弃。机遇才不会等你，你不抓住，它一定会跑向别人那里。

所以说，与成功相距最远的，就是那些优柔寡断的人。其实机会已经出现在面前，可你呢？瞻前顾后，一会儿猜忌、一会儿顾忌，到头来却又抱怨命运不济。这种人，缺乏主见、意志薄弱，连自己的判断都不相信，还指望谁会信任呢？更别说那些转瞬即逝的机会了。

有这样一个故事，很有哲理性，我们去看看：

据说在一个小镇的教堂里有一个十分虔诚的神父，他信仰上帝，终身未娶，到了 80 岁的高龄还是孤零零的一个人。上帝在天堂里看到了神父的虔诚，非常感动。于是打算回报神父。

　　于是一天晚上，神父在梦里看到了上帝。上帝对他说："我可爱的孩子，这么多年来你一直在教堂里陪伴我，这让我非常地感动。所以今天，我托梦给你，我想告诉你，明天小镇上要发洪水，很多人都会被淹死。你不必害怕，到时候我会去救你。"神父早上醒来，回忆着这个梦，心里十分高兴。

　　这时候，一个警察来敲教堂的窗户，并且大声喊着："神父，快跑啊，小镇上发大水了，再不逃跑就来不及了！"神父走到窗前看看，呦！果然，小镇的街道都被洪水淹了，洪水还在上涨。神父镇定地对警察说："你们先走吧。我要等上帝来救我！"

　　警察差点没气趴下，闷闷地走了。洪水还在上涨，进入教堂了，神父爬到了钟楼上。这时一艘汽艇开过来了，救援人员对着神父喊："神父，你再不走，就会被淹死了！"神父挥了挥手，说："孩子，你们先走吧，上帝他老人家会来救我的！"于是汽艇也走了。

　　洪水越来越高，神父最后没有办法，爬到教堂顶上，抱着塔尖，摇摇欲坠。他四下一看，都是水，你说这上帝去哪儿了呢？这时候就看见一架直升机开过来了，是搜救队搜寻最后的生存目标。老远飞机上就放下绳梯，飞机上的人对神父喊："神父，抓住绳梯，跟我们走吧，上帝不会来了！"神父还是不走，最后被淹死了。

　　死后，神父的灵魂来到了天堂，看到了上帝。神父气坏了，质问上帝："你说过要去救我，怎么说话不算数？"上帝一听也发

火了："你说你怎么就那么笨呢？你说我在天上要应付世上这么多请求，这么忙，没时间亲自去，就派了一个警察、一艘汽艇、一架直升飞机去救你，你还不走，你不是找死吗？"

你可能觉得故事有点可笑，但仔细想想，很多时候我们是不是像这个神父一样呢？当机会一次次出现，你却一次次拒绝它，固执于心中不成熟的想法，你怎么就那么笨呢？所以，若以后，当你感觉某些事情有可能是个机遇，那么不妨大胆地尝试一下，或许那就是上帝给你的安排！否则，上帝也救不了你！

古人说："用兵之害，犹豫最大也。"细细思量，人生又何尝不是如此呢？所谓"机不可失，时不再来"，犹豫不决的直接后果，就是导致你在人生的竞技场上折戟沉沙！所以说，在一些必须作出决定的紧急时刻，你不能因为条件不成熟而犹豫不决，你只能把自己全部的理解力激发出来，在当时的情况下作出一个最有利的决定。当机立断地作出一个决定，你可能成功，也可能失败，但如果犹豫不决，那结果就只剩下了失败。

从现在起，改掉你那犹豫的性格，一件事情想到了就赶快去做，别在那儿百转千回地思来想去，你想得越多，顾虑就越多，如果什么事情都要想到100%再去做的话，那么你只能落于人后，什么都不想反而能一往直前。你害怕得越多，困难就越多，什么都不怕的时候，一切反而没那么难。生存的法则就是这样，当你不敢实现梦想的时候，梦想会离你越来越远，当你勇敢追梦的时候，全世界都会来帮你。

有些事，并不是我们不能做，而是我们不想做。只要我们肯再多付出一分心力和时间，就会发现，自己实在有许多未曾使用的潜在的本领。要使做事有效率，最好的办法是尽管去做，边做边想。养成习惯之后，你会发现自己随时都有新的成绩：问题随手解决，事务即刻办妥。这种爽快的感觉，会使你觉得生活充实，而心情爽快。

这些年你都因为胆小失去了什么

在胆小怕事和优柔寡断的人眼中，一切事情都是不可能办到的，因为乍看上去似乎如此。每天，许多天才都因缺乏勇气而在这个世界消失。每天，默默无闻的人们被送入坟墓，他们由于胆怯，从未尝试着努力过。他们若能接受诱导起步，就很有可能功成名就。

一个园艺师向一个日本企业家请教："社长先生，您的事业如日中天，而我就像一只蚂蚁，在地里爬来爬去的，一点没有出息，什么时候我才能赚大钱，能够成功呢？"

企业家对他说："这样吧，我看你很精通园艺方面的事情，

我工厂旁边有 2 万平方米空地，我们就种树苗吧！一棵树苗多少钱？"

"50 元。"

企业家又说："那么以一平方米地种两棵树苗计算，扣除道路，2 万平方米地大约可以种 2.5 万棵，树苗成本是 125 万元。你算算，5 年后，一棵树苗可以卖多少钱？"

"大约 3000 元。"

"这样，树苗成本与肥料费都由我来支付。你就负责浇水、除草和施肥工作。5 年后，我们就有上千万的利润，那时我们一人一半。"企业家认真地说。

不料园艺师却拒绝说："哇！我不敢做那么大的生意，我看还是算了吧。"

一句"算了吧"，就将摆在眼前的机会轻易放弃，每个人都梦想着成功，可又总是白白放走了成功的契机。成功，显然是需要胆识的。

其实，每个人都有一个好运降临的时候不能领受，但他若不及时注意或竟顽固地抛开机遇，那就并非机缘或命运在捉弄他，这要归咎于他自己的疏懒和荒唐，这样的人最应抱怨的其实是自己。机遇对于每个人来说都是平等的，问题是，它来了，你又在做什么、想什么？你是不是只看到了其中的危机，然后畏首畏尾无所作为呢？危机，对于胆大的人来说，是避开危险后的财富机会，而对胆小的人来说，则只会看到危险，白白浪费和错过机遇。这个社会虽然很复杂，但机会对每一个普通百姓来说其实是平等的。

我们身边每天都会围绕着很多的机会，包括爱的机会。可是我们经常像故事里的那个人一样，总是因为害怕而停止了脚步，结果机会就这样偷偷地溜走了。那么现在想一想，细数一下，这些年来你都因为胆小失去了什么？此刻，在你的生命里，你想做什么事，却没有采取行动；你一直有个目标，却没有着手开始；你想承担某些风险，却没有勇气去冒险……这些，恐怕多得连你自己都数不清吧？也许一直以来你都在渴望做这些事，却一直耽搁下来，是什么因素阻止了你？是你的恐惧！恐惧不只是拉住你，还会偷走你的热情、自由和生命力。是的，你被恐惧控制了决定和行为，它在消耗你的精力、热忱和激情，你被套上了生活中最大的枷锁，就是活在长期的恐惧里——害怕失败、改变、犯错、冒险，以及遭到拒绝。这种心理状态，最终会使你远离快乐，丢失梦想，丧失自由。但你如果能够远离了恐惧、远离了懒惰、远离了无知、远离了坏习惯，你就会很快远离平庸！

即使是不成熟的尝试，
也胜于永不执行的计划

在人的一生中，风险几乎无处不在，如影随形。只有那些乐于迎战风险的人，才有战胜风险、夺取成功的希望。贪恋蜷缩在温室中、保护伞下，并非人的唯一选择。妄想处于一个没有风险的世界，只能是海外奇谈。

不愿意冒风险的人，不敢笑，因为他们怕冒一些显得愚蠢的风险；不敢哭，因为怕冒一些显得多愁善感的风险；不敢暴露感情，因为怕冒露出真实面目的风险；不敢向他人伸出援助之手，因为怕冒被牵连的风险；不敢爱，因为怕冒不被爱的风险；不敢希望，因为怕冒失望的风险；不敢尝试，因为怕冒失败的风险……即使如此，你也必须要学会冒险，因为生活中最大的危险就是不冒任何风险。

鸵鸟在遇到危险的时候常常有掩耳盗铃的举动，把自己的头藏在沙土中获得心灵上的解脱。我们成年之后，虽然知道好多事情不能躲避，必须坚强面对，要冒风险，但还会在心底保留着那种逃避和寻求安慰的想法。其实，困难和风险也是欺软怕硬的，你强它就弱，你弱它就强。你要时刻记得，最困难的时候，没有时间去流泪；最危急的时候，没有时间去犹豫，优柔寡断就意味着失败和死亡。

一个不冒任何风险的人，什么也不做，到头来，只会什么也没有，什么也不是。他们逃避了痛苦和悲伤，但他们也不能学习、改变、感受、成长和生活。他们被自己的态度捆绑着，是丧失自由的奴隶。

有些人心细如发，做事的时候都希望把风险降到最低，事事求保险，这当然无可厚非。但是有些时候，机会稍纵即逝，稍有犹豫就很可能错失良机。做任何事情都是有风险的，如果一味捡有把握的事情做，那么你的人生可能永远是碌碌无为的。

有些人一旦遇到了棘手的事情，就一定要去和他人商量。这种优柔寡断的人，既不相信自己，也不会被别人所信赖。有的人简直优柔寡断到了无可救药的地步，他们不敢决定任何一种事情，不敢担负起应负的责任。而他们之所以这样，是因为他们不知道事情的结果会怎样，究竟是好是坏，是吉是凶。他们常常对自己的决断产生怀疑，不敢相信他们自己能解决重要的事情。因为犹豫不决，很多人错失了成功的大好机会。

当然，对于比较复杂的事情，在决断之前必须从各方面来加以权衡和考虑，但是一旦打定主意，就绝不要再更改，不再留给自己后退的余地。一旦决策，就要有破釜沉舟的勇气。只有这样做，才能养成坚决果断的习惯，既可以增强人的自信，同时也能博得他人的信赖。有了这种习惯后，在最初的时候，也许会做出

错误的决策，但由此获得的自信等种种卓越品质，足以弥补错误决策可能带来的损失。即使是冒险的尝试，也胜于永不执行的计划。

戈达德说："《一生的志愿》是我在年纪很轻的时候立下的，它反映了一个少年人的志趣，其中当然有些事情我不再想做了，像攀登埃佛勒斯峰或当'人猿泰山'那样的影星。制定奋斗目标往往是这样，有些事可能力不从心，不能完成，但这并不意味着必须放弃全部的追求。""检查一下你的生活并向自己提出这样一个问题是很有好处的：'假如我只能再活一年，那我准备做些什么？'我们都有想要实现的愿望，那就别拖延，努力尝试去做，迟早会有成功的一天。"

敢于尝试的态度对于成功者来说是非常重要的。一个人对于生活的态度不是一成不变的，你可以设法改变你的态度。在你前进路途中的每一步上，你都肩负着一定的责任，因此，一定要树立一个正确的态度，始终坚持尝试。

第三辑
开放思维的门

你想改造这个世界，却从不曾想过改造自己，所以，你失败了。人，不能停留在一种固定不变的模式里，也许你认为做某些事好似异想天开，于是不去一试。但是，想象一下当你以一种全新的思维去从事一项充满神奇的活动时，那会是多么有趣的体验。

1

这就是你的"思维逻辑"？
太不靠谱了吧

　　一个人之所以不成功，除了机遇、客观环境等外因限制外，最大的问题就是自身思维的限制。所有的理念、工具、方法、技能都是"死"的，如何让其"活"起来，让其真正产生效益？就要靠思维。如果思维逻辑不正确的话，再大的努力也是白费力气。

是金子就一定会发光

在很多人的意识里，"是金子，总会发光的"、"酒香不怕巷子深"。因此，很多人都认为只要自己努力做事，就会有出头之日，只要自己付出努力，就能得到相应的回报。然而，事实真的是这样吗？

韩愈在《马说》中这样写道："世有伯乐，然后有千里马。千里马常有，而伯乐不常有；故虽有名马，只辱于奴隶人之手，骈死于槽枥之间，不以千里称也。"人们常用千里马来比喻人才，然而千里马遇不到伯乐的下场是什么呢？非常凄惨：辱于奴隶人之手，骈死于槽枥之间，不以千里称也，不得重视、不得重用，生前无功，身后无名。

所以说，人才不能习惯等待别人来发现自己，不能羞于表现自己，否则，即使你有日行千里的能力，伯乐也不知道。即使伯乐站在你面前，如果你不表现一下，只是羞答答地卧着，他也不知道你能不能跑，那你就不要埋怨别人让你做拉车、拉磨的工作了。

有个小伙子大学毕业后到一家大企业应聘，却因为种种原因错过了面试时间。这个大学生很喜欢这份工作，因此，他并没有就此放弃，他直接找到了人事部经理，希望对方能再给自己一次机会。

人事经理十分欣赏年轻人的胆量和自信，决定亲自对他进行面试。听完年轻人非常自信的自我介绍后，人事经理面有难色地说："对不起，我们的招聘有两个条件——硕士学历和两年的工作经验，可惜你都不符合要求。"

年轻人听了却没有气馁，仍然微笑着说："我虽然没有工作经验，但大学时，我在学校担任过学生会主席，组织同学们开展过很多活动，勤工俭学时做过日用品直销员、兼任过报刊特约记者，实习时也在广告公司从事过文案工作，并受到了领导多次表扬……我相信自己完全能胜任这一份工作。"说完便递上精心设计的求职材料。

人事经理认真地看过年轻人递过来的材料之后，很遗憾地说："你的确很优秀，可是我们公司是有规定的。公司规定要硕士以上学历，真的很抱歉。"

就在年轻人决定起身离去时，他再一次鼓起勇气做了最后的尝试。他对人事经理说："文凭仅仅是代表一个人受教育的程度，并不能真正代表一个人的能力。我相信贵公司要的是能为公司谋利益的人才，而不仅仅是硕士文凭。"

人事经理足足凝视了年轻人20秒钟，最后他终于说道："年轻人，就冲你这份勇气，你被录用了。"

美国成功学家戴尔·卡耐基曾说过："不要怕推销自己，只要你认为你有才华！"在我国，也有毛遂自荐的故事，把自己推销给

老板，才有了发挥才能的机会。否则，被埋没的可能性就很大。

既然是好酒，为什么要躲在巷子深处而不表明自己是好酒呢？既然是金子，为什么不让自己摆在显眼的地方呢？现代社会，人才辈出，竞争激烈，不懂得推销自己，就会成为人才海洋中那最不起眼的一滴。

也许有人会说感觉自己不是人才，那怎么能让别人重视呢？其实，任何人都是一个金矿，只要你懂得开发自己的长处，懂得展示自己的优势，你就是一块闪闪发光的金子。

1972年，新加坡旅游局给总理李光耀打了一份报告。这份报告的大意是说："我们新加坡要想发展旅游业很难。因为，我们没有什么旅游资源，不像埃及有金字塔和尼罗河，也不像中国有万里长城和兵马俑，不像日本有富士山和樱花。我们除了一年四季直射的阳光，什么名胜古迹都没有，巧妇难为无米之炊，要发展旅游事业，真的很难。"

李光耀看过报告之后非常气愤，他在报告上批了一行字："你想让上帝给我们多少东西？阳光，有阳光就够了！"

后来，新加坡真的打起了"阳光"牌，利用"阳光"做足了文章。因为阳光充足，他们就大量栽树、种花、植草，在很短的时间里，把新加坡发展成为世界上著名的"花园城市"，旅游业收入连续多年稳居亚洲前三位。

阳光就是新加坡的金子，有了阳光，新加坡也就成了金子，在旅游业中大放光彩。同样，只要找到自己的优点和长处，你就可以自豪地说："我也是一块金子！"你就可以大胆地展示自己的光芒，打造自己的金色人生。

　　21 世纪，我们需要学会做广告推销自己，就像乡下的货郎，他们生意的好坏，往往取决于叫卖的吆喝声，只要能吆喝得声情并茂，吆喝得响亮好听，就会吸引更多的人来买，生意就会更上一层楼。人才就像美女，若是只懂得孤芳自赏，或者"幽居在空谷"，就只能落个"养在深闺人未识"的下场。

　　所以，不要再感叹自己英雄无用武之地，用武之地需要你自己去找。人生就是一场大戏，处处都有舞台，是演主角还是配角，是跑龙套还是躲在幕后，关键还是看你自己想做什么角色。

　　这个世界上千里马很多，而伯乐不常有。所以，不要再习惯等待，不要再相信自己在哪里都能发光，没有用武之地的人生注定是一种悲哀。如果你是千里马，一定要学学毛遂，主动找到伯乐，告诉他："我是千里马，我跑给你看！"

不以出身论英雄

　　有人说，这是一个拼"爹"的时代，这话有一定的道理。其实不仅是在这个时代，在中国，从古至今，"爹"都是一个好靠山。一个有能耐的爹，确实能够为自己的子女提供更优渥的生活

条件、学习条件，甚至可以为他们提供一生的荣华富贵。但是，"爹"并不是一生成败的决定因素，他只能说是个助推器，否则就不会有后主刘禅，不会有南唐李煜。然而，很多人却仍在抱怨自己没有生在富贵之家，仿佛父母没能耐就耽误了他的前途一般，这简直就是写不好字赖钢笔嘛！

事实上，很多成功人士的人生起点同样很低，但他们能够把这种"不公"转换成动力，在平凡的起点上，铆足劲攀上不平凡的高度。而这些人成功的关键因素就是，他们对于生活的态度以及做人的心态。

1876 年，在奥地利，罗伯特·巴拉尼带着哭声来到了这个世界。他出生在一个犹太家庭，年幼时不幸患上骨结核病，由于贫困没钱根治，他的膝关节最终落下残疾——永久性僵硬。父母为儿子感到伤心，巴拉尼当然也痛苦至极。然而，尽管他当时只有七八岁，但他却懂得把自己的痛苦隐藏起来，他对父母说："你们不要为我伤心，我完全能做出一个健康人的成就。"听到儿子的这番话，父母悲喜交集，抱着他泪流满面。

从此，巴拉尼狠下决心——一定要证明自己不比别人差！父母为儿子的坚强、"好胜"大感欣慰，他们每天交替接送巴拉尼上下学，十余年风雨不改！巴拉尼也没有辜负父母的心血，没有忘掉自己的誓言，从小学至中学，他的成绩一直在同年级学生中名列前茅。

18 岁时，巴拉尼考入维也纳大学医学院，并于 1900 年获得了博士学位。大学毕业以后，作为一名见习医生，他留在了维也纳大学耳科诊所工作，由于工作努力，颇受该大学医院著名医生——亚当·波利兹的赏识。于是，波利兹对他的工作和研究给予了热情的指导。此后，巴拉尼对眼球震颤现象进行了深入研究和探源，经过多年努力，在 1905 年 5 月发表了题为《热眼球震颤的观察》的研究论文。这篇论文的发表，受到了医学界的广泛关注和认同，耳科"热检验法"就此宣告诞生。在此基础上，巴拉尼再度深入钻研，通过实验最终证明——内耳前庭器与小脑有关，从此奠定了耳科生理学的基础。

1909 年，著名耳科医生亚当·波利兹病重，他将自己主持的耳科研究所事务及维也纳大学耳科医学教学任务，全部交给了巴拉尼。繁重的工作给了巴拉尼很大压力，但他没有畏惧，他在出色完成工作之余，仍继续着对自身专业的深入研究。1910 年至 1912 年，巴拉尼先后发表了《半规管的生理学与病理学》、《前庭器的机能试验》两本著作，基于他在科研领域的突破性贡献，奥地利皇家决定授予他爵位殊荣。1914 年，巴拉尼又斩获了诺贝尔生理学及医学奖。

巴拉尼一生共计发表科研论文 184 篇，曾医治好诸多耳科绝症患者。为纪念他的卓越成就，医学界探测前庭疾患试验、检查小脑活动及与平衡障碍有关的试验，都是以他的姓氏命名的。

巴拉尼的起点如何？家庭贫困且自幼残疾，其境况简直可以用"悲惨"来形容！然而，正是困境对于他的激励，才使其心生斗志，并最终取得了堪称伟大的成就。试想一下，假如没有贫困和残疾的刺激，他会怎样？或许会成为一个衣食无忧的平凡人；

假如他在困境面前消沉退缩又会怎样？只能在贫困的深渊中越陷越深。幸运的是，他没有这样做，他在父母的帮助以及自己的努力下，用正确的生活态度和规律调整着自己的行为方向。这样，一条康庄大道出现在了他的眼前，将他引出困境、引向一条更有价值、更有意义的人生之路。

起点低算什么？无非是一种磨砺，倘若你能像巴拉尼一样，将磨砺当成激励，用努力去挑战困境，你就一定能够得到别人的认可，令别人对自己高看一眼。

勤学更要活用

关于"学"与"思"的关系，人们在理论上大概都能认识到必须并重，但在实际中，很多人往往会偏废一方面。可见这不仅是态度问题，更是方法问题。"学"是求乎外，在于知物；"思"是求乎内，在于明理。这种外学和内省，在人的成长中应是相辅相成的事情，是同等重要的。

孔子说："学而不思则罔，思而不学则殆。"人的走路也如同学习，必须用两条腿，否则，轻则发生倾斜，重则寸步难行。

古语有云"读书不见圣贤，如铅椠庸；讲学不尚躬行，如口头禅。"其意为，枉读诗书，却不能参透先贤的神髓，最后只能成为一个卖字先生；教书却不能身体力行，和一个只会念经却不懂佛理的和尚一般无二。

正所谓"尽信书，不如无书"。固有知识是前人在探索世界以后，总结出的直接经验，对于你而言则是一种间接经验。学习和继承前人的成果，确实可以让我们少走很多弯路，但若想知识真正成为事业的推动器，我们就必须摒除只重理论，不注重实际运用的错误做法。

事实已经证明，科学上的进步、技术的革新、社会的发展，就是一个不断提出疑问，解决疑问的过程，即一个从无疑到有疑，从有疑到释疑的过程。人生同样如此，若想推开事业的大门，我们必须要学，但绝不能学"死"，要敢于提出质疑，要懂得触类旁通学以致用。反之，如若一味抱残守缺，拘泥于固有知识、经验，就不会有什么创见。

有兄弟二人就读于同一所大学的市场营销专业，毕业后来到了同一家公司。

一年以后，公司老板提拔哥哥当了营销主管，弟弟感到很委屈，他觉得自己比哥哥更加守纪尽责，读书时成绩也比哥哥好，而公司却提拔了哥哥，难道是因为自己没有和领导搞好关系？

弟弟的想法完全被老板看在眼里。一天上午，他不动声色地将弟弟叫到办公室，指示他去一家市场调查白菜的行情，然后回来向他报告。

弟弟来到市场以后，看到那里只有两个摊位，且卖的都是鸡

蛋。于是，他返回公司向老板报告："市场上不卖白菜，只有两个卖鸡蛋的摊位，所以我无法了解白菜的行情。"

老板听后让弟弟暂且坐下，又叫来了哥哥，并指派了同样的任务。

哥哥走后，老板对弟弟说："看看你哥哥是怎么做的。"

一段时间以后，哥哥走进办公室："卖白菜的人已经走了，经过打听得知，今天的白菜售价是每千克 0.3 元，销路很好；现在市场上只有两个卖鸡蛋的，价格为每千克 5 元。据卖货人讲，近期鸡蛋货源非常充足，如果想大量购买，价格还可以降低。如果您想要进一步的资料，我可以把卖鸡蛋的人找来。"未等经理讲话，弟弟就已经羞愧地走出了办公室。

由此可见，在人生中求发展，在社会上求生存，光"学"是远远不够的。如果你不能将学到的知识、经验进行加工整合，变成自己的东西，就永远都不可能得到真正的学问。这也是人类进步的一种要求。

《礼记》有言："博学之，审问之，慎思之，明辨之，笃行之。""学"是为了掌握一技之长，以此安身立命，谋求发展。"技"是死的，但人是活的，若不能把学来的"技"活用起来，只知固守成规，到头来，只会成为别人眼中的笑话。

时代在发展，竞争形势愈演愈烈。所谓人才，必须在学有所长的基础上，懂得灵活变通，用你所掌握的知识、技能去盘活人生，创造最大的价值。否则，你就只能眼睁睁看着别人先己一步将成功抢在手中，只能眼睁睁看着自己在竞争中惨遭淘汰。

我们不仅仅要勤学精通书本上的知识，更通晓世间一切事情的规律，活学活用。换言之，仅仅勤学、能学是远远不够的，更重要的是，你能不能把知识运用到实践之中。

成熟是凡事要有自己的观点和主张

大海里的鱼类，是企鹅丰富的食物来源，也是企鹅族群能够存活下来的保证。但是，在冰冻的海平面之下，除了食物以外，也有死亡的威胁，那就是黑虎鲸。

这样一来，企鹅就面临难题了：下海还是不下海？如果下海，而此时冰下潜伏着一头黑虎鲸，那么自己有可能成为被吃掉的那一个。可是如果不下海，真的很饿。

想知道水下是否有黑虎鲸只有两个方法：一是潜入水中，亲自探寻一下，倘若没有便可大快朵颐；二是一直在岸上等着，等某个耐心不够或饿急了的企鹅一头扎进水里。所以，企鹅们每天都会玩这种耐力比拼的游戏，等待某个胆大的企鹅去为自己探路。如果先下去的企鹅入了鲸口，那么其他企鹅就会继续站在原地，只有确定没有危险，其他企鹅才会纷纷下海，填饱自己的肚子。

其实有时候我们的思维很像企鹅，当我们不足以确定一件事的结果时，我们习惯观望别人，按照别人的做法去做事。这的确有好处，从心理学的角度看，与多数人保持一致，容易获得归属感和安全感。"羊跟大群不挨打，人随大流不挨罚"，这一民间俗语形象地揭示了随大流的"好处"。正因能带来利益，人们才在反复实践中愈发巩固了随大流的思维。所以当你看到 20 个人都望向天空时，你很难做到不抬头望。但是，模仿纵然有它的可取之处，也经常会把人们带离正轨。

一群年轻人相约去呼伦贝尔大草原畅游，他们驾驶 4 辆越野车兴致高昂地驶向草原深处。草原像无边无际的绿色地毯，高低起伏地延伸向地平线，那景致着实让人心醉。高飞的车排在第二位，紧跟在第一辆车身后。他们翻过了几个起伏的草坡后，远远看到一个碧蓝的湖泊，那湖水就像蓝宝石一样在阳光的映照下闪闪发光，他们加速向湖边驶去。

在距离湖泊不远的地方，有一块低洼地。头车毫不犹豫地从低洼地直向湖边开去，高飞他们也紧紧跟随。开着开着，头车的前部突然陷下去了，高飞虽然紧急制动，但还是轻轻顶了前车一下，使得对方又往里陷了一点。原来，低洼处潮湿松软，形成了一片沼泽，被草覆盖着，看不出来。最后，他们用了一个多小时，3 辆车拉得水箱里的水都快开了，才把第一辆车从泥潭中拽出来。结果，4 辆车都受了不同程度的创伤，原本兴致勃勃的草原之旅也变成了紧张丧气的抢险救车。最后，一行人都带着遗憾离开了草原。

其实当时高飞在后面，看到低洼处的草呈深绿色，心里就曾有过不好的念头闪过，同车的人也有同感。但觉得前车上的朋友开得那么有把握，就觉得他以前可能来过这里，没想到其实不然。

如此意料之外的事情之所以会成为可能，就是因为人们会彼此影响。我们因为避险的本能或者为了寻找捷径而盲目跟风，因为盲目所以很可能会走错路。

我们需要保持思想上的独立而不是随波逐流，这确实不是简单的事情，有时还有危险性。然而，无数事实告诉人们：人的真正自由，是在接受生活的各种挑战之后，是经过不断追求、拼搏并经历各种争议之后争取来的。

如果我们真的成熟了，便不再需要怯懦地到避难所里去顺应环境；我们不必藏在人群当中，不敢把自己的独特性表现出来；我们不必盲目顺从他人的思想，而是凡事有自己的观点与主张。我们也许可以做这样的理解："要尽可能从他人的观点来看事情，但不可因此而失去自己的观点。"

当然，能认清自己的才能，找到自己的方向，已经不容易，更不容易的是，能抗拒潮流的冲击。许多人仅仅为了某件事情时髦或流行，就跟着别人随波逐流而去。我们说，他忘了衡量自己的才干与兴趣，因此把原有的才干也付诸东流。所得只是一时的热闹，而失去了真正成功的机会。

经验也要更新

一个男人，在公司干了 25 年，他每天用同样的方法做着同样的工作，每个月都领着同样的薪水。一天，愤愤不平的男人决定要求老板给他加薪及晋升。他对老板说："毕竟，我已经有了25 年的经验。""亲爱的员工，"老板叹气说，"你没有 25 年的经验，你是一个经验用了 25 年。"

社会在发展，人的观念、思维方式也应该随之改变，这样才不会落伍。然而，人们有个不太好的习惯，就是做事爱照搬老一套，凭以往的经验解决问题。这种陈旧的思维方式正是导致一些人在事业上停滞不前的主要原因。

遇到问题时，迅速在头脑中找到以前遇到过的类似问题作为参照标准，然后想起那次是如何去解决的，或者试图从自己在工作及生活中学到的知识中寻找解决问题的方法，并原样去做。凭借自己对这一思维方式的熟练运用，人们确实解决了不少棘手的问题，这是不容置疑的事实。然而，随着社会的飞速发展，尤其是在市场经济这个大气候中，人们在价值观念、道德观念等方面发生了巨大的变化。如果还是按照过去那样行事，处理各类问题，就难免不出现偏差，导致效果大打折扣的结局。这是因为，新出现的问题，其内涵已经注入了"新鲜"的东西，而墨守成规、照搬老一套的方法很容易使人犯经验主义的错误。

这里有一个故事，很有趣，也很有启示意义。

故事说古时有一个乡下人，他以卖草帽为生，每日都要背着草帽到各村去叫卖。这日回家途中，他走得很累，于是便躺在林边稍作休息，谁知这一躺竟在不知不觉中睡了过去。

待他醒来时，发现卖剩的草帽已然没了踪影，恰在此时，耳边传来了猴子的叫声。乡下人循声望去，发现四周的树上攀着很多猴子，而且每只猴子头上都戴着一顶草帽。

乡下人灵机一动，想到猴子最喜欢模仿人的举止，于是赶紧将草帽从头上摘下，丢在一旁。果然，那些猴子见状纷纷效仿，草帽一顶顶落到了地上。乡下人向猴子扮了个鬼脸，背着草帽、哼着小曲向家中走去。

回到家中以后，他不无得意地将这件事讲给了家人，家人都向他竖起大拇指，夸赞他的机智聪明。

很多年以后，他的孙子继承祖业，也成了一位"卖帽郎"。

这一天，"卖帽郎"跟自己的爷爷一样，也躺在林边睡着了，无巧不成书，他的草帽同样被一群猴子偷走了。"卖帽郎"想起爷爷当年的故事，迅速摘下草帽丢在了一旁。接下来，他开始怀疑爷爷当年是不是在"吹牛"了，因为那群猴子根本没有效仿他的意思，反而都在用眼睛瞪着他。

片刻之后，猴王现身了，它捡起草帽戴在头上，向"卖帽

209

郎"扮了个鬼脸，说道："你以为只有你有爷爷啊？"说着，带着它的猴子猴孙，哼着小曲消失在山林之中。

对人生而言，经验确实是一笔财富。但是，过度笃信自己的经验，完全凭着经验办事，有时非但不会成功，反而会把事情办得更糟，甚至会因此造成无法挽回的损失。

遇到问题时，创造性的思维方式会提出："能有多少种方法解决这个问题？"运用创造性思维方式，能够找到包括用复制式思维方法在内的许多种解决办法。这些方法中大多数是非传统观点式的，有些可能离奇古怪，所以创造性思维方式意味着脱离了复制性知识。在找到的这些解决方法中，有成功率最大的方法，也有可能性较小的方法。关键之处是去挖掘所有的解决之道，即使已经发现了一种很有希望的解决方法后也不停止继续寻找的步伐。

爱因斯坦被认为是最聪明的人之一，有人问爱因斯坦，他与普通人的区别是什么？他的回答很有趣："如果有人让一位普通人到草垛里寻找一根针，那人在找到后就会认为自己已经完成了任务，于是停顿了下来。而我呢，则会将整个草垛翻遍，把可能散落的针全部找出来。"这位科学伟人的回答实在绝妙无比。还有一位诺贝尔物理学奖获得者谈到自己遇到难题时说："我每次碰到麻烦的问题时总能萌发出新的思考方案，原因就在于，不去过多地想以前包括自己在内的人们是如何思考、如何寻找解决办法的。这样就能驱使自己开拓新的思路，也自然会找到新的解决方法。"

　　事实上，人们看待某一问题的第一个角度大都接近或相等于自己对这一问题认识的通常方式。但是，为了寻求更多的解决方法，就必须不停地从第一个角度转向其他几个或多个角度，重新认识这个问题。这样，就能随着看待问题角度的转换而加深对问题的理解，最终找到问题实质的隐藏之处。

　　一般来说，创造性思维突出体现了一种特殊的、与众不同的思维方式，那就是把不同的对象放在一起进行比较的能力。这种在一些风马牛不相及，甚至水火不相容的事物之间建立起相互关联的能力，可以得到其他人看不到的东西。比如，爱迪生所发明的灯泡，就是把并联线路与高电阻的细金属丝互相结合，当电流通过电阻极大的金属丝时，就发出了强烈的光芒。而这两种东西，按照传统的观点则是水火不相容的。爱迪生使它们相连在一起，就实现了历史的突破。

　　生活中，当我们做某一件事情失败时，就会去做另外一件事。这样，就在无意之中揭示了创造性思维方式的又一个原则。失败者几乎都会扪心自问，为什么会失败呢？这样发问很正常。但是，使人发挥创造性的偶然因素却提出一个不同的问题——我们做了些什么？以这种新的突发式的询问回答问题是能否有所创造的关键。这可不是运气，而是在高层次上富有创造性洞察力的表现。此外，还有一个原则就是，当你发现某种有趣的事物时，可放弃所有其他的事物，专心研究这个事物。许多人没有留意到机遇会来敲门，因为他们都在按部就班地依照已经制订好的计划行事。而正确的方法是不要等待，要主动地去寻求偶然的发现。

随着新技术、新科学、新知识的不断产生与发展，旧知识、旧技术、旧机器势必被淘汰掉。人也是如此，如果你总是原地不动，凭着旧经验办事，那么你也只能被淘汰。

小生意也会有大成功

做生意不怕小，就怕不赚钱。很多人总看不起一些小生意，好像要赚大钱就得搞房地产、卖汽车。这种想法其实大错特错了，看不起小生意的人最后只会落得个"大钱赚不着，小钱不会赚"的下场。

成功源于发现细节，一桩小生意里很可能暗藏着大乾坤，一个不起眼的小机会说不定就能让你创造奇迹。

范先生选择在欧洲的丹麦自谋财路，混迹生意场几年，他想到利用自己独具特色的手艺可以广纳财源，于是他就开了一家中国春卷店。开始时生意并不好。范先生一番调查后明白了，纯粹的中国式春卷并不合欧洲人的胃口。他重新进行精心选择和配制，不再运用中国人常用的韭菜肉丝馅心，而是采用符合丹麦人口味的馅心。这一独具匠心的改变，外加范先生的不懈努力，原来惨淡经营的小店顾客络绎不绝，慕名而来者云集，积累了资金后，范先生不失时机地扩大生意。范先生就是凭着自己非同寻常的观察视角，利用有利的时机把事业推向高峰的。

他放弃了以前的手工操作，开始采用自动化滚动机新技术来生产中国春卷，并投资兴建了"大龙"食品厂，还建了相配套的冷藏库和豆芽厂。生意越做越大，范先生的春卷开始向丹麦以外的国家出口。他坚持"中国春卷西方口味"这一秘诀，针对欧洲各国人的不同口味，采用豆芽、牛肉丝、火腿丝、鸡蛋或笋丝、木耳、鸡丝、胡萝卜丝、白菜、咖喱粉、鲜鱼等不同原料来制作，生产出来的春卷营养卫生、香脆可口、风格各异，因而深受欧洲各国人的喜欢。

由于大龙春卷价格稳定，又适合西方人口味，范先生的订单滚滚而来，生意扩展到欧洲各国。20 世纪 70 年代末，经美国国会的专家化验鉴定后，美国政府决定每天向范先生订购 10 万只符合美国人口味的大龙春卷，以供给美国驻德国的 5 万士兵食用。

1986 年，墨西哥正在举办第 13 届世界杯足球赛的时候，大批球迷忙于看球连吃饭都顾不上。范先生抓住这个机会，按照墨西哥人的口味习惯，生产了一大批辣味春卷销往墨西哥，结果被抢购一空。

范先生不断扩大生产规模，运用新的设备和技术，由原本默默无闻的小商贩一举成为赫赫有名的大商户。由于他的公司产品质量上乘，服务一流，中国式春卷名声大振。

作为商人，怎样将渴望变成现实，并以小赚大呢？这是功力

同时也是智慧的呈现。

许多经商者渴望自己能做大宗买卖，赚大钱，但那毕竟是"大款"的专利，底子薄的人可望而不可即。其实，小生意也可以带来高利润，小东西一样可以赚大钱。范先生就是这样慧眼独具，靠小春卷起家，成了大富翁的。

常常是一些别人熟视无睹的小商品中孕育着大商机，如果你能动脑筋去开发，你就会成为成功者。

西村金助是一个制造沙漏的小厂商。沙漏是一种古董玩具，它在时钟未发明前是用来测算每日的时辰的。时钟问世后，沙漏已完成它的历史使命，而西村金助却把它作为一种古董来生产销售。

沙漏作为玩具，趣味性不多，孩子们自然不大喜欢它，因此销量很小。但西村金助找不到其他比较适合的工作，只能继续干他的老本行。沙漏的需求越来越少，西村金助最后只得停产。

一天，西村翻看一本讲赛马的书，书上说："马匹在现代社会里失去了它运输的功能，但是又以高娱乐价值的面目出现。"在这不引人注目的两行字里，西村好像听到了上帝的声音，高兴地跳了起来。他想："赛马骑手用的马匹比运货的马匹值钱。是啊！我应该找出沙漏的新用途！"

就这样，从书中偶得的灵感，使西村金助的精神重新振奋起来，把心思又全都放到他的沙漏上。经过苦苦地思索，一个构思浮现在西村的脑海：做个限时3分钟的沙漏，在3分钟内，沙漏上的沙就会完全落到下面来，把它装在电话机旁，这样打长途电话时就不会超过 3 分钟，电话费就可以有效地控制了。

　　于是西村金助就开始动手制作。这个东西设计上非常简单，把沙漏的两端嵌上一个精致的小木板，再接上一条铜链，然后用螺丝钉钉在电话机旁就行了。不打电话时还可以作装饰品，看它点点滴滴落下来，虽是微不足道的小玩意儿，也能调剂一下现代人紧张的生活。

　　担心电话费支出的人很多，西村金助的新沙漏可以有效地控制通话时间，售价又非常便宜，因此一上市，销路就很不错，平均每个月能售出 3 万个。这项创新使沙漏转瞬间成为对生活有益的用品，销量成千倍地增加，濒临倒闭的小作坊很快变成一个大企业。西村金助也从一个小企业主摇身一变，成了腰缠亿贯的富豪。

　　西村金助成功了，而且是轻轻松松，没费多大力气。可是，如果他不是一个有心人，即便看了那本赛马的书，也逃不脱破产的厄运，还很有可能成为身无分文的穷光蛋。它给人们一个启示：成功会偏爱那些留心小事物的有心人。

　　小细节、小机会中藏着成功的机遇，很多时候留心小事物就能抓住打开成功之门的钥匙，因此小生意不但不能轻视，反而要更加重视。

工作不是为了挣薪水

很多人都说这样的话："别人给我多少钱，我就干多少活。"这是因为在他们的思维里，做工作只是为了挣薪水。按照市场交易法则，公平交易，也许这无可厚非，但是，如果放在职场，那这就是一种非常危险的思维，为什么这么说呢？

因为工作量的多少，是永远无法用金钱来衡量的。你永远不可能做到老板支付你 1000 元的工资，你就每天只干 33.33 元工作。因为衡量工作的标准，不仅看速度，还要看质量，同时，还要考虑细节，而这一方面的衡量，还要因人而异。还有，你这个心态，会让老板觉得你是一个对工作不负责任的人，你将会失去很多机会。更重要的是，你这种心态是一种自我设限，如果不赶紧抛弃这种心态的话，你将无法取得进步。不信，你从下面这个真实的故事中将得到答案。有两位刚从大学毕业的同学结伴来到北京找工作，一起去了一家公司面试，最后两个人都被录用了。对于人生中第一次正式的工作，他们都很有工作激情，都希望能在第一份工作中取得不错的成绩。但是一个月过去了，情况开始有点变化了。

　　"我们干这么多的工作，还不如我上学做兼职时赚的多呢。"高个子说。

　　"薪水是低了点，但是以前只能赚点钱，没什么技能可言，还是踏实点吧！"

　　"工作不就是要赚钱吗？"高个子撇嘴说，"我们得换工作！这样下去简直是浪费时间！"

　　"刚开始，每个人都是这样的，要走也要学到点东西再走啊！"高个子的同伴说。

　　接下来的日子，高个子就抱着混的态度，倒也过得悠闲。

　　"给我多少钱，我就干多少事！他不善待我，也别想我感激他！"一个月又过去了，高个子实在觉得没前途，就拿着工资走了。他的同伴继续留在原来的地方。5年后，他们两个人都参加了班上组织的聚会，他们相遇了。高个子依然和他当年说要走时一样，一脸愤世嫉俗的表情。

　　"后来，你去了哪里？"高个子的同伴问他。

　　"天下的老板都像乌鸦一样黑！都要把员工往干处榨！我现在在一家小公司工作，我想，我快干不下去了，我得换一家公司。你呢？现在怎么样？"

　　"我还在当初那个公司，刚才我去看了下车展，想买辆车！"

　　"你要买车了？你发财了？"

　　"我现在已经是那家公司技术部门的经理了。"

　　高个子瞠目结舌。他以前的同伴接着说："其实，只要你再坚持一个月就好了，事实证明公司的待遇不是很差，前提是我们

要有过硬的技术！"

看到了吧！工作不仅仅只是为了薪水，还有你的前途、你的美好的未来。倘若一个人只为薪水而工作，觉得老板给多少工资，就干多少活，最后受害的不是别人，而是他自己。这些人在今日的工作中欺骗了自己，而这种因欺骗蒙受的损失，即便他们日后奋起直追、振作努力也不能赶上。如果在工作中能付出努力，不敷衍了事，不偷懒混日，那么无论他的薪水多么微薄，也终有成功的一日。

老板只支付给你微薄的薪水，你固然可以敷衍塞责加以报复。但是，你要知道，老板给你的工资不高，但你在工作中，给予自己的报酬却是珍贵的经验、优良的训练、才能的表现和品格的建立，这些与金钱相比要高出千万倍。

有些薪水很微薄的人，忽然被提升到重要的职位上，这看起来不可理解，其实，是因为在拿着微薄薪水的时候，他们就在工作中付出了切实的努力，有一种追求尽善尽美的态度，获得了充分的经验，这些便是他们忽然获得晋升的原因。在工作中努力尽职的人，总会有获得晋升的一天。

现在我们来看看，美国著名的企业家查理·斯瓦布先生的故事。

查理·斯瓦布小时候，生活特别艰苦，只受过短短的几年教育。15岁那年，他就孤身一人到在宾夕法尼亚的一个山村里赶马车谋求生路。那时他的薪水一个月只有1.2美元，拿到现在来算，也就是一个月三四百块钱。这样的起点，恐怕是低得不能再低了，相信当时没有人能想到他会有今日这样的成就。

后来，他找到了一个每周 2.5 美元报酬的工作。在这期间，他每时每刻都在寻找着新的机会。不久后，他成为了卡内基钢铁公司的一名工人，日薪 1 美元。做了没多久，他升为技师，接着升任总工程师。过了 5 年，他便兼任卡内基钢铁公司的总经理。到了 39 岁，他一跃升为全美钢铁公司的总经理。

查理·斯瓦布在总结自己的秘诀时说："我从不计较薪水，我拼命地工作，我要使我的工作价值远超于我的薪水之上。"查理·斯瓦布惊人的成长履历告诉了我们一个道理：永远不要计较薪水。是的，当你计较薪水的时候，很可能就会失去本该属于你的美好未来。

不管你的工作如何卑微，始终要明白，工作不仅仅只是为了薪水。当你为工作付出了十二分的热忱的时候，你就能获得工作的喜悦。你对工作投入的热情越多，决心越大，工作效率就越高，得到的回报自然也会越多。当你抱有这样的热情时，上班就不再是一件苦差事，工作就变成一种乐趣，就会有许多人愿意聘请你来做你所喜欢的事。

工作不仅仅是谋生的手段，你花费一个月的辛勤难道就为数数得来的这小叠红纸有多少张吗？薪水是相对的，本事是绝对的。

有钱还要会投资

　　现如今，由于我国还未建立起比较完善的社会保障体系，人们面对着高房价、医疗贵、教育贵、出行贵等社会问题，在这样一个现实环境中，绝大多数人都选择了用拼命储蓄来进行自我保障。但是，大家忽略了一个问题——通货膨胀的存在。假如你是工薪一族，每个月将所有的剩余工资都存进银行，那么你会越来越穷，因为银行的存款利率跑不过通货膨胀，你的钱会不断贬值。举个生活中常见的小例子说明一下，上个月白菜是 5 毛每斤，这个月就涨到 1 元每斤了，而银行的存款利率并没有上调，仅有的那点存款就好像蜗牛一样在原地踏步。大家说，我们存起来的钱，其实用价值是多了还是少了呢？

　　说到这里，想给大家讲一个小故事：

　　以前，有一个很有钱的富翁，他准备了一大袋的黄金放在床头，这样他每天睡觉时就能看到黄金、摸到黄金。但是有一天，他开始担心这袋黄金随时会被歹徒偷走，于是就跑到森林里，在一块大石头底下挖了一个大洞，把这袋黄金埋在洞里面。隔三岔五富翁就会到埋黄金的地方看一看、摸一摸。

有一天，一个盗贼尾随这位富翁来到森林中，发现了这颗大石头下的黄金，第二天他就把这袋黄金给偷走了。富翁发觉自己埋藏已久的黄金被人偷走以后，伤心欲绝，正巧森林里有一位长者经过此地，他了解到事情的始末以后，对这位富翁说："我有办法帮你把黄金找回来！"话一说完，这位长者立刻拿起金色的油漆，把埋藏黄金的这颗大石头涂成黄金色，然后在上面写下了"1000 两黄金"的字样。写完之后，长者告诉这位富翁："从今天起，你又可以天天来这里看你的黄金了，而且再也不必担心这块大黄金被人偷走。"富翁看到眼前的场景，半天都说不出话来……

可能有人没看懂，认为这个长者的脑子有问题，在自欺欺人。其实不是这样的，长者是想告诉富翁，如果金银财宝没有拿出来使用，那么藏在洞里的 1000 两黄金，与涂成黄金样的大石头就没什么两样。

当然，这也不是说叫我们把钱全都拿出来投资，一个人手头没有活动资金，不仅心里没有安全感，遇到紧急情况也确实会手忙脚乱。我们可以将自己的收入进行合理分配，大致分为：应急钱、养命钱和闲钱。我们将应急钱和养命钱存在银行里，给自己的生活保障加上一个保险锁，而那部分闲钱就可以用来"生钱"了。

真正聪明的人，不但懂得如何挣钱，更懂得如何去使用钱。他们能够将自己的资金变成"活钱"，让它尽快也尽可能多地增值，而不是贬值。

人生财富的积累应是由挣钱向赚钱的转变，即由依靠工资收入转变为投资理财收入，特别是随着年龄的增长，我们应该越来越重视投资理财收入。也就是说，当有一部分资金可以运用以后，我们应该通过合理的调度和调配，再获得更多的财富。否则，如果不能将工作收入合理规划，随意挥霍，那么我们永远也无法过上富裕的生活，更谈不上实现财务自由。

　　也不要以为自己不具备投资头脑，其实，成功的投资者也不是天生的。如果你还年轻，你就应该尽早开始。从投资到承担风险将是一个过程，只相信自己的运气是靠不住的。失败并不可怕，可怕的是你从未开始。

2

很多时候，我们就是掉在"思维的井里"出不来了

如果我们掉进了"思维的井里"，就会自塞闭路，于是障碍重重，非但不能解决问题，而且还会使事情变得愈加复杂。思维是智慧的方向标，如果思维不对，再有知识、再有能力也难以发挥。

"想当然"就是当然?

　　张某的妻子下岗了,张某张罗着给妻子找个工作。张某的同事对他说:"我倒有个建议,你给嫂子开家音像店吧!是那种边卖边出租的小店,本钱不高,利润却很可观。"张某一想,这倒是个好主意,只是开店必须选好店址,得有顾客呀!有一天,他外出办事,路过某大学,发现学校周围特别繁华,服装店、小吃部、饰品店……大大小小的店面布满了整条街,来来往往的学生还真不少,这可真是个开店的好地方。张某还特意观察了一下,附近没有音像店,张某乐呵呵地回了家,托人在学校附近租了个小店面,几天后音像店就开张了。但开张后生意冷冷清清,三天没卖出一样东西。第四天,张某的妻子一回家就把丈夫臭骂了一顿:"你出的好主意!我这一打听才知道为什么没生意,原来人家学校管得严,寝室里没有电视,学生都是上网看电影、听歌!你说怎么办?"张某嗫嚅地说:"我哪儿知道?我以为学生那么多,客源当然没问题啊!"几天后,音像店关了门,张某赔了三千多块钱。

　　张某看到学生多,便想当然地以为开店不愁没顾客,结果

224

却吃了个大亏。人非常容易犯想当然的错误。许多认识上的错误，都是想当然造成的。他们想不到貌似理所当然的事情的发展并不如此，更没想到，世界上的事物一个条件可得出多种结果，一果亦可能多因，影响事物变化发展的，除了必然性还有偶然性。

某公司要在城市近郊的某乡建一个大型高尔夫球场，一个香港客户对这个计划很感兴趣，而这个公司也极力想拉香港客户来投资，因为这个项目所需资金太大，自己独力难支。由于香港客户太忙，好不容易才答应下周来谈项目，同时还要实地考察。公司老总把接待的一切事宜都交给公关经理来安排，要求一切都做到尽善尽美，因为这个客户"实在太重要了"！公关经理接下任务后立刻忙活了起来，确定了接机人选，安排了专车，订好了宾馆，安排了会谈时间，打扫了会议室，去实地考察的时间、车辆也都安排好了，连老总都对这些细致的安排表示赞赏。一个助手提醒公关经理要跟某乡领导沟通一下，公关经理却有点不耐烦："又不是谈价钱，只是去做实地考察，再说早就叫他们做好准备了！车到了那儿，随便叫几个人陪着去看看就行了。"香港客户到来后，一切都进行得很顺利，吃完午饭，一行人就坐上车直接朝某乡驶去，然而一个意外发生了：通往某乡的木桥竟然断了。对面的几个村民告诉他们，木桥是前天被水冲垮的，还没来得及组织修呢！香港客户大发雷霆，认为该公司做事太不负责，驾车掉头回去。公关经理被盛怒的老总炒了鱿鱼，他觉得很委屈，自己去了三次，木桥都是好好的，谁能想到它突然就断了呢！

生活中，我们也常碰到类似的情况，许多明明应该是万无一失的事情，偏偏出了麻烦。这都是由于我们想当然的思维习惯造成的，有时候，某种现象在大多数情况下意味着某一事实，但造成这种现象的其他可能性并不能排除，人们常常形成某种错觉，把各种可能看成一种可能。

　　造成想当然的一个重要原因是思维定式。我们认识事物，总有一定的思维框架，是以前经验的沉淀。它常常使我们认识事物时有了一定的参照系。它是有用的，但是，它又可能使我们用它来对照复杂的对象时陷入想当然的错误。所以，我们在强调文化传统对于我们思想观念的塑造时，要强调现实的要求这一重要因素。

　　要减少想当然的错误，需要时时提醒自己不要轻率下结论。从一个印象、两三句交谈中做出的判断往往是想当然的。我们要时时对自己说，我的判断充分吗？我的结论符合事实吗？有没有新的事实来证明这个结论？

　　如果根据想当然的推理，得出了某种结论，也要对该结论保持一定的警惕性，要注意对情况进行反复分析，并尽量搜集新的事实加以检验。要使自己的结论不犯错误，我们就应该对判断采取审慎的态度。

　　对于头脑里冒出来的想法，首先要重新评估一下，它是否"真的是自己的意见"。虽然需要花费较长的时间，你还是应该养成用自己的头脑仔细思考事情的习惯。你要把现在的想法一一加以检讨，想想看，是自己真的那么想，还是照别人告诉你的去想的？会不会是偏见或错误的信念？你就从这些问题开始思考吧。如果没有偏见，希望你能用自己的头脑，听听各种人的意见，想想看是对或错，或者有哪个地方不对，然后再综合各种意见，归纳出自己的看法。

按照常规做不会犯大错？

我们后天获得的固定思维就好像是一种无形的引力，很容易让我们的思路朝着固定方向靠拢。而这些固定的方向可能是我们自己预定的潜规则，最后也正是这些自己设定的规则无形地把我们套住了，让我们失去了原本与生俱来的创造力。

思维最大的敌人就是习惯性思维。我们每一个人的世界观、生活环境和知识背景都能够影响到自己对待事物的态度和思维方式，不过对于我们来说，最重要的影响因素还是那些过去的经验，而我们也只有打破它，才能放飞我们的思维，进入一个新的天地。

大家熟知的拿破仑，他最后的失败并不是败在了滑铁卢战役上，而是失败在了一枚棋子上。拿破仑在滑铁卢战役失败之后，被终生流放到了圣赫勒拿岛。他一个人在岛上过着十分寂寞和孤

独的生活。

后来一次偶然的机会，拿破仑的一位密友秘密送给他一副象棋。而拿破仑对朋友送给他的这副精制而珍贵的象棋爱不释手，经常一个人默默地下象棋，无可奈何地打发着自己孤独而寂寞的时光，直到最后慢慢地死去。

等到拿破仑死后，那副象棋多次高价转手拍卖。有一天，那位象棋的拥有者偶然发现，象棋中的一个棋子底部居然是可以打开的。

而当这个人把这个棋子的底部打开之后，简直惊呆了，里面竟然密密麻麻地写着如何从圣赫勒拿岛逃生的详细计划。

可是令人惋惜的是，当时拿破仑并没有从象棋中领悟到朋友的良苦用心，以及这副象棋中的深奥秘密。就连拿破仑自己大概做梦也不会想到，他最后竟然死在了自己常规思维的陷阱里。如果在当时，他还能够用南征北战时期兵不厌诈的思维方法来思考一下象棋中可能蕴含的其他功能，也许上帝会再一次地向他伸出援助之手。

我们第一眼看上去好的东西不一定是真正好的东西，我们现在觉得好的方法也不一定是绝对好的办法。所以，在生活当中，我们还是要学会换个思路思考问题、分析问题，并且做到客观、冷静地分析事情，敢于打破常规的传统观念，能够通过崭新的眼光寻找出最佳解决问题的途径。

心理学家曾经做过一个研究，结果发现我们平时发挥出来的能力，只是我们所具备能力的 2% ～ 5%。换句话说，我们还有绝大部分能力只有在打破常规的情况下才能够发挥出来。所以，我们不管做什么事情，一定要做到勤于思考，善于打破常规，勇于创新。当我们遇到困难和选择的时候，首先要认清自我，正视现实，理性地分析内外各种因素，这样，你就能够掌控好自己的命运，不断地前进。

两点之间直线最短？

小时候，数学老师告诉我们，两点之间直线最短。

于是，我们在这个真理中长大。出门走直达的路，坐电梯走直线，似乎走直线距离才显得我们不会吃亏。

然后，我们工作了，我们忙碌往返于公司——家两点之间，我们拼命在工作——家庭两点之间寻求幸福，我们设定了一个又一个目标，我们期待着一步一步往上爬，我们不甘落人之后。

但我们不知道的是，两点之间还有"最速曲线"，从"最速曲线"上的不同位置出发，总能在同一时刻到达。

所以我们不必为了目标急着奔跑，一辈子那么长，绕个弯儿是不会迷路的。

有一个朋友，从小学习就不怎么好，长得也不够标致，跟"有钱人家的孩子"比起来，更不是在同一条起跑线上。毕业以后，她磕磕绊绊地换了好几份工作，用了2年时间才找到自己喜欢的工作。朝九晚五，稳定地在广州待了三年后，突然辞去了工作，准备回家乡。

问她："你舍得放弃在这边辛苦拼下来的一切吗？"

她说："不舍得呀，也无法预测回去以后会不会顺利开始新生活，但这些年我已经攒了一点钱，家里还有爱我的男朋友，回去以后也能找到一份不错的工作，相信新生活会幸福的。"

分开的这几年联系不多，只看到她偶尔在朋友圈晒下恩爱，更有嘴毒的朋友私下里说：可能就剩那么一点不靠谱的恩爱了。

前不久，她老公开着车带她来广州游玩，约大家一起出来聚聚。当她出现的时候，大家都禁不住眼前一亮。现在她成熟了几许，大方端庄，举手投足间都透着一股子女人的优雅，而她身边的老公以及身后那辆路虎卫士，都好像是她的守护神，让人感觉安心与舒适。

落后于别人的她，却优先获得幸福的机会，谁说笔直前行才是唯一的方向？

或许，你已经打拼得很累了，你以为一走弯路，就会迷失方向。其实不尽然，停下笔直前进的脚步，如那道最速曲线，顺势而行，最终也会到达幸福的彼岸。

生活就是这样，不是看起来离目标远，就真的慢很多。在最速曲线上，我们可以绕个弯，欣赏下路边的风景，避免最糟糕的一种生活状态——生活快速前行，而你却在匍匐跟上。

幽默小说大师马克·吐温非常热衷于赚钱，这本来是一件无可厚非的事情，然而，他认清自己适合通过写作赚钱却不容易。

马克·吐温在 45 岁之前，还算是比较本分，就靠着他的一支笔获得了大量的财富，并有了点名气。但他非常迷恋经商活动，结果被骗子钻了空子。

一天，一个叫佩吉的人来跟马克·吐温谈合作的事情。他说自己在从事一项打字机的研究，现在只缺最后一笔实验经费，产品马上就要研制成功了，谁投资，谁受益。一番花言巧语骗取了马克·吐温 2000 美元。

之后，佩吉从马克·吐温那里拿走一笔又一笔投资，他每次都说："快成功了，只需要最后一笔钱了。"一直等到其他竞争者已把打字机发明出来并投入市场之后，马克·吐温都还没见到产品的影子，这次投资前前后后总共赔了他辛辛苦苦写作赚来的十九万美元。

后来，马克·吐温又开办了一家出版公司，并请来 30 岁的外甥韦伯斯特当公司的经理。马克·吐温自己出版了两本书《哈克贝利·费恩历险记》和《格兰特将军回忆录》，都成了畅销书。

结果，马克·吐温被这两次偶然的胜利搞得昏昏然。然而，

公司很快出了状况，他的经理卷起铺盖一走了之了，出版公司倒闭。这一次马克·吐温背上了9.4万美元的债务，他的债权人竟有96个之多。

马克·吐温为了还债，只好走上了老路，开始了巡回演讲、写作还债的日子。几年后，马克·吐温还清了债务。1900年，马克·吐温一家结束了长达9年的流浪生活，返回纽约。

此时，马克·吐温已经完全认识到自己不是经商的材料，要赚钱，自己只能走写作的道路。结果，写作不仅使马克·吐温变成了富翁，还使他成了一名享誉全球的作家。在我们的生活中，如果直路不通，就需要冷静地思考什么样的道路才是最适合自己的，是不是方向错了？如果错了，是不是应该果断转弯，以选择一条更适合自己发展的道路？

人的一生，有许多事是不以自己的意志为转移的，会遇到很多波折和障碍。理想与现实的距离有时很大，大到即使你付出了全部努力，也不能保证成功。这种情况，我们也应该学会转弯，不要吊死在一棵树上，条条大路通罗马，我们转个弯换条路试试。

这个问题太复杂?

我们很多人会庸人自扰,把一个简单的问题想成了千奇百怪的答案,进而让自己浪费了很多的时间,做了很多无用功。

曾经有一位人事部门的经理,他代表公司去招聘一批大学毕业生。面试时他出了一道算术题:10 减 1 等于几?

前来应聘的大学生给出了各种各样的答案,有的大学生在冥思苦想之后故作神秘地说:"你想让它等于几,它就等于几。"还有的大学生自作聪明地说:"10 减 1 等于 9,那是消费;10 减 1 等于 12,那是经营。"

最后只有一个应聘的大学生老老实实地回答等于 9,可是他在回答的时候还是有点犹犹豫豫。当人事经理问他为什么的时候,这位应聘大学生说:"我怕照实说会显得自己很愚蠢,智商低。"

可是最后反而是这个老实回答的大学生被录用了。

人事部经理解释说,公司的宗旨就是"不要把复杂的问题看得过于简单,也不要把简单的问题看得过于复杂"。一件简单的事,往往几经反复,就变得复杂起来。懂得把复杂问题简单化,

这是聪明人的做法；把简单的问题复杂化，是愚蠢人的做法。

其实，世界上的许多事情本来就很简单，有的时候是我们自己把问题想得太复杂了。

一位美国著名企业家在总结自己成功经验时说道："你可以超越任何障碍。如果它太高，你可以从底下穿过；如果它很矮，你可以从上面跨过去。"换句话说，在这个世界上根本不存在所谓的困难，唯一存在的就是暂时没有找到解决问题的办法。可能有时，当我们换一个思路来思考问题，就能轻而易举地找到解决问题的办法。

凡是来到弗里吉亚城的朱庇特神庙的外地人，都会被引导去看戈迪乌斯王的牛车。人们都交口称赞戈迪乌斯王把牛轭系在车辕上的技巧。

"只有很了不起的人才能打出这样的结。"其中有人这样说。

"你说得很对，但是能解开这结的人更加了不起。"庙里的神使说。

"为什么呢？"

"因为戈迪乌斯不过是弗里吉亚这样一个小国的国王，但是能解开这个结的人，将把全世界变成自己的国家。"神使回答。

此后，每年都有很多人来看戈迪乌斯打的结子。各个国家的王子和政客都想打开这个结，可总是连绳头都找不到，他们根本就不知从何着手。戈迪乌斯王死了几百年之后，人们只记得他是打那个奇妙结子的人，只记得他的车还停在朱庇特的神庙里，牛轭还是系在车辕的一头。

有一位年轻国王亚历山大，从隔海遥远的马其顿来到弗里吉亚。他征服了整个希腊，他曾率领不多的精兵渡海到达亚洲，并且打败了波斯国王。

"那个奇妙的戈迪乌斯结在什么地方？"他问。

于是他们领他到朱庇特神庙，那牛车、牛轭和车辕都还原封不动地保留着原样。

亚历山大仔细察看这个结。他对身边的人说："过去许多人打不开这个结，都是陷入了一个窠臼，都认为只有找到绳头才能将结打开，我不相信，我不能打开这个结。我也找不到绳头，可是那有什么关系？"说着，他举起剑来一砍，把绳子砍成了许多节，牛轭就落到地上了。

亚历山大说："这样砍断戈迪乌斯打的所有结子，有什么不对？"

接着，他率领他那人马不多的军队去征服亚洲。

有的时候，一个好的思路，就好像是人生战场上的一把利剑。但是，我们能不能在人生的战场上获得胜利，关键还是在于我们如何挥舞这把利剑。只要你能够把这把利剑使用好了，那么你的人生自然就会飞黄腾达。

海水一定是咸的？

大象能用鼻子轻松地将1吨重的行李抬起来，但我们在看马戏团表演时却发现，一根小木桩就可以轻松地拴住这么巨大的动物。因为它们自幼小无力时开始，就被沉重的铁链拴在固定的铁桩上，当时不管它用多大的力气去拉都无法挣脱束缚，这铁桩对幼象而言是太沉重的东西。后来，幼象长大了，力气也增加了，但只要身边有桩，它总是不敢妄动。

这就是定式思维产生的巨大影响造成的。长大后的象其实可以轻易将铁链拉断，但因幼时的经验一直存留至长大，它习惯地认为铁链"绝对拉不断"，所以不再去拉扯。

那么，人类又比大象高明多少呢？人类也因未摆脱"墨守成规"的偏差想法，只以常识性、否定性的眼光来看事物，不敢有所突破，终于白白浪费掉大好良机。

在印度洋，一艘远洋海轮不幸触礁，沉没在汪洋大海里，幸存下来的11位船员拼死登上一座孤岛，才得以幸存下来。

但接下来的情形更加糟糕。岛上除了石头还是石头，没有任何可以用来充饥的东西，更为要命的是，在烈日的暴晒下，每个人都口渴得冒烟，水成为最珍贵的东西。

尽管四周都是水——海水，可谁都知道，海水又苦又涩又咸，根本不能用来解渴。当时 11 个人唯一的生存希望是下雨或别的过往船只发现他们。

几天过去了，没有任何下雨的迹象，他们的周围除了海水还是一望无边的海水，没有任何船只经过这个岛。渐渐地，10 个船员支撑不下去了，他们纷纷渴死在孤岛。

当最后一位船员快要渴死的时候，他实在忍受不住了，扑进海水里，"咕咕嘟嘟"地喝了一肚子。船员喝完海水，一点儿尝不出海水的苦涩味，相反觉得这海水又甘甜、又解渴。他想：也许这是自己临死前的幻觉吧，便静静地躺在岛上，等待着死神的降临。

他睡了一觉，醒来后发现自己还活着。船员非常奇怪，于是他每天靠喝这岛边的海水度日，终于等来了救援的船只。

当人们化验这水时发现，由于有地下泉水的不断翻涌，实际上，这里的海水是可口的泉水。

人们总是以常识性、否定性的眼光来看事物，这也就是所谓的定式思维。在这个故事中，这些船员因为有了"海水是咸的"的认知，于是直到渴死也没有试着用海水去解渴，如果不是最后那位船员"冒险"喝了几口海水，那么可能永远都不会有人知道岛边的"海水"其实是甘甜的。

阳关道才好走?

在经济社会中，每当市场兴起一个新鲜事物，最赚钱的都是那个发起者，其他一拥而上的跟风者，把这条路当成了"阳关道"。事实上，他们只能吃到一点别人剩下的残羹冷炙，甚至根本就赚不到钱。虽然"淘金"是一条"阳关道"，但淘金的人太多了。如果我们总是盯着"阳关道"，跟别人去挤去抢，就会弄得头破血流，却还是一无所获。

阳关道宽敞，危险性小，有人探路，走得也快，也许那是最稳当的。但这条路走的人也多，也是最不靠近成功的。因为每一条"阳关道"上都挤满了盲目的人群，何况"阳关道"也不一定名副其实。这些"阳关道"有时并不好走，而"独木桥"虽然狭窄，但由于只有一个人走，也许反而会走得更顺利。

某大型公司引进了一条国外肥皂生产线，这条生产线很先进，它能将肥皂从原材料加入直到成品包装全部自动完成。不过他们很快发现这条生产线有个缺陷：常常会有盒子里没装入香皂，那些空盒子会混到成品里面。这家公司停用了生产线，并与生产线制造商取得联系，询问怎样才能挑选出这些空盒子。制造商告诉他们，这种情况在设计上是无法避免的。

他们只得成立了一个团队解决问题，以几名博士为核心、十几名研究生为骨干的攻关小组综合采用了机械、微电子、自动化控制、X 射线探测等技术，最后花了几十万元在生产线上安装了一套 X 光机和高分辨率监视器。每当空香皂盒通过，探测器就会检测到，一条自动机械臂会将空盒从生产线上挑出来拿走。

南方某个乡镇企业也买了同样的生产线，老板同样发现了这个问题。他找来了个小工，告诉他说："你把这个搞定，不然扣你半个月工资。"小工很快想出了办法，他在生产线旁边放了台大功率风扇猛吹，空盒子分量轻，在通过风扇时自然会被吹走。相比那家大企业的正统做法，小工用的就算是民间的"土方子"了，然而他同样解决了问题。从这个角度上来说，这个小工的做法并不比那些科研人员的方法差，既经济又实惠。小工走独木桥还比科研人员走"阳关道"快得多呢。

阿里巴巴的创始人马云在一次文化讲坛上交流他的创业体会时说："我要做别人不愿意做的事、别人不看好的事。当今世界上，要做我做得到别人做不到的事，或者我做得比别人好的事情，我觉得太难了。因为技术已经很透明了，你做得到，别人也不难做到。但是现在选择别人不愿意做、别人看不起的事，我觉得还是有戏的，这是我这么多年来的一个经验。"

也就是说，如果我们只做大众化的工作，我们就很难在激烈的职场中脱颖而出。而那些成功者与其他人的区别就在于，别人

不愿意去做的事，他去做了，少有人走的路，他去走了，没前途的市场，他去开发了……

泰国曼谷市有一位名叫卢尔沙西的年轻人租了两间店面经营茶楼生意，茶楼不大，放了30张茶桌。

茶楼装修得十分高雅，茶师更是一些拥有非凡实力的专业人员。但是，茶楼生意并不好，几个月下来简直到了入不敷出、举步维艰的地步。

员工善意地建议他把茶楼转让出去，另谋出路。

"不！我一定能有办法让茶楼起死回生！"卢尔沙西坚定地说。从那以后，他开始留意进店来的每一位顾客，希望能从顾客身上找到改变茶楼命运的启示。

一次，一位单人顾客边等人边喝茶，很是无聊。卢尔沙西走过去问："我能帮助您什么吗？"

"我想我需要一份报纸。"顾客想了一下说，"否则，我可能要离开了。"

"真对不起，我这里没有订阅报纸，不过，我上周末买的一份旧报纸还在吧台里放着，要看吗？"卢尔沙西有点儿不好意思地说。

"行，行。"那位顾客开心地回答。从卢尔沙西手中接过那份旧报纸后，这位顾客再也没有无聊的神情，更没有再提想要离开。

一份旧报纸留住一位顾客，也间接地留住了他的朋友，从而为茶楼创造了一个不可估量的消费团队。卢尔沙西的猜想没有错，第二天，这位要求看报纸的顾客便带了 6 个人过来喝茶。

这件事情给了卢尔沙西很大触动，他设想：如果每天都有更多信息更全面的报纸杂志准备着，会不会就能留住更多老顾客甚至培育更多新顾客呢？他立刻决定，在靠近茶楼进口附近抽掉 5 张桌子，利用这个空间办起一个小小的阅览室。

"老板，我们的利润是由茶桌创造的，抽掉茶桌，我们创造的利润就会减少……"不少员工提醒卢尔沙西，他们觉得卢尔沙西的想法简直荒唐。

"按正常的数学逻辑，你们的想法是对的，但从经营学角度考虑，我的想法未必错，$X-5$ 应该会大于等于 X。"卢尔沙西坚定地说。几天后，一个订了大量金融、商贸、新闻、娱乐、文学等方面报纸和杂志的小小茶楼阅览室诞生了。

奇迹出现了，几乎所有客人都被这间阅览室吸引。

渐渐地，卢尔沙西的茶楼里有阅览室这个消息传了出去，来茶楼消费的顾客与日俱增，一个月下来，创下的营业额竟然比之前多出两倍。就这样，卢尔沙西的茶楼阅览室一直都在整个茶楼经营中起着至关重要的作用，也一直在为卢尔沙西创造着丰富的利润。1987 年，卢尔沙西有了更大的经营目标，将茶楼高价转让出去后加盟了肯德基，在曼谷开设了泰国第一家肯德基快餐店。考虑到肯德基为大多数儿童所喜欢的特点，卢尔沙西同样采用了"$X-5 \geq X$"的经营策略，抽掉了 5 张餐桌，利用这 5 张餐桌的空间备置了一架滑梯和一张蹦蹦床，办起一个小小的"儿童玩乐场"。让人难以置信的是，就因为抽掉 5 张

桌子办一个玩乐场的方案，让他创下了亚太地区所有肯德基店面的月营业额新高。

现在，减去5张桌子办一个儿童玩乐场的做法几乎已经在全球所有的肯德基分店中得到了沿袭和推广。在一定程度上，"$X - 5 \geq X$"已经成为了肯德基经营文化的一种象征。

什么是成功之道？成功学家说，一个人想要成功，就要选择他人不曾走的路，做他人不曾想的事。阳关道上若是人太多，还是不去挤的好。思路决定出路，有时候独木桥更胜"阳关道"。这时候，我们应该试着走一走没人理会的独木桥，在这条人生路上，也许我们会走得更顺畅、更精彩。

别人走的路我也走得通？

现在社会上有个通病，就是很多人都按照同一个模式发展。比如，近年来随着移动互联网的发展，再加上政府的鼓励和扶持政策，中国迎来了前所未有的创业潮，一个全民创业的时代似乎正在来临。于是，有人看APP火就去做APP，看到微信平台火就去做平台，却并不思考是不是适合自己。殊不知，别人的路是别人的，他走死胡同那叫突破自我，彰显穿墙术的魅力，你过去说不定就叫作撞了南墙不回头。所以人这辈子，不要随便模仿别人，即便真是同一类人，也将面对各种不同的选择。

传说在浩瀚无际的沙漠深处，有一座埋藏着许多宝藏的古城。要想获取宝藏，必须穿越沙漠，战胜沿途数不清的机关和陷阱。

很多人对沙漠古城里这样一批价值连城的财宝心向神往，却也没有足够的勇气和胆量去征服沙漠以及杀机四布的陷阱。这批珍贵的财宝，就这样在沙漠古城里埋藏了一年又一年。

有一天，一个勇敢的人听爷爷讲了这个神奇的传说，决定去寻宝。勇士准备了干粮和水，独自踏上了漫长的寻宝之路。

为了在回程的时候不迷失方向，这个勇敢的寻宝者每走出一段路，便要做上一个非常明显的标记。虽然每迈一步都充满艰险，勇士最终找出了一条路来。就在古城已经遥遥相望的时候，这个勇敢的人却因为过于兴奋一脚踏进布满毒蛇的陷阱，眨眼间遍被饥饿的毒蛇吞噬。

沙漠再次陷入寂静。

过了许多年，终于又走来一个勇敢的寻宝人。他看到前人留下的标记，心想：这一定是有人走过的，既然标记在延伸说明指路人安全地走下去了，这路一定没错！沿着标记走了一大段路，他欣喜地发现路上果然没有任何危险。

他放心大胆地往前走，越走越高兴，一不留神，也落进同样的陷阱，成了毒蛇的美餐。

最后走进沙漠的寻宝人是一位智者，他看着前人留下的标记

想：这些标记可不能轻信。否则，寻宝者为什么都一去不返了呢？智者凭借自己的智慧，在浩瀚无际的沙漠中重新开辟了一条道路。他每迈一步都小心翼翼，扎实平稳。最终，这位智者战胜了重重险阻抵达古城，获得宝藏。

智者在临终前对自己的儿孙说："前人走过的路，并不一定通往胜利。不可迷信经验，已被踏平的大路尽头，绝没有价值连城的宝藏供我们采掘。即使原来真有宝藏，那也早已经被那些更早踏上这条道路的人采掘干净了。"

我们应该反思一下自己，是不是也曾经跟在别人后面，走在别人的路上。人们常说，成功可以复制。前面的人或许在这条路上创造了辉煌，但是，盲从别人的路，并不见得就是成功的捷径，很可能我们走上去就是不通的。

郑先生是做翻砂厂起家的，前几年一直经营得很顺利，效益还算不错，成了远近闻名的百万富翁。手里有了钱之后，他就琢磨着投资点什么。妻子劝他还是干自己的老本行，开发几种新产品出来。但是，他觉得这样赚钱太慢，一心想找一条捷径。

正好有一天，他跟朋友聊天的时候，对方跟他说起自己前两年购买基金赚了不少钱，他不由得心中一动。朋友跟他说，基金风险比较低，不像股市那样大起大落，自己通过学习一些理论知识，加上从电视上跟专家学习，基本摸到了一些窍门。

郑先生听后再也按捺不住，他去银行咨询了一下，看到很多宣传资料，不少基金还打出高收益口号；再结合朋友的经验盘算：基金的年收益率至少能达到 20%，自己投入 100 万元，3 年时间就能赚七八十万元，还不像经营翻砂厂那样累，这个想法让他蠢蠢欲动。

于是，"魄力十足"的郑先生果断地把辛辛苦苦赚到的 100 万元投了进去。朋友听说后非常惊讶，劝他慎重一点。他却说："你都赚了两年钱了，都没有什么风险，我怕什么啊！难道只许你赚，不许我赚啊！"

朋友听了这话，也不好再说什么。不料，转年股市崩盘，基金也随之大跌，郑先生的基金缩水了 2/3！

无独有偶，投资股市的杨志明也因为眼红别人赚钱而血本无归。那是在 2007 年，当时股市一路飙升，就连搞清洁的大妈大婶都整天眉飞色舞地谈论今天又涨了多少多少点，形成了一股全民炒股的热潮。对股票一窍不通的杨志明看到别人在大把赚钱，也不禁心动了。

于是，他将自己的全部存款投入股市。

就在他整天满怀期待地做着发财的美梦时，金融危机爆发，股市一片哀鸿。当时，理智的投资者要么提前出逃，要么割肉平仓，甚至壮士断腕，都撤了出来。而根本不懂股市的杨志明开始还抱着幻想，等到想撤的时候，已经晚了，手里的股票在白菜价上被套牢了。直到此时，他才知道自己的盲目跟风是多么不理智。

人们常说，第一个夸女人是花儿的人是聪明人，但是第二个就不是了。路上有一块金子，第一个人捡到了，后面的人再去恐

怕就只能两手空空了。因此，不要看到别人在这条路上成功了，自己就不假思索地盲目追随，义无反顾地走上去。那条路对你来说，可能就是一条死胡同。

盲目跟风的人缺乏独立思考的精神，他们总是看到别人干什么，就跟着干什么，丝毫不考虑这样做适合不适合自己。别人能成功的事情，对你来说却未必可行，然而，偏偏就有很多人喜欢盲目跟风。甚至，有人看到别人在排队买盐，他也不管自己家里是不是缺乏，市场上是不是短缺，就跟着排上了。盲从至此！

生活中，条条大路通罗马，每个成功人士都有自己不同的经历，绝不能盲从照搬。别说别人的路不一定适合自己走，就连自己以前的成功经验，也不一定放之四海而皆准。以前奏效的办法，在新环境里，在新情况下，就不一定有用。盲目照搬，仍然不免失败的结局。

每个人都有自己的追求，每个人都有属于自己的成功，都有自己的路要走。运动员要穿上最适合自己的跑鞋才能健步如飞，每个人只有找到最适合自己的路才能走出人生的精彩。

必须有钱才能赚钱?

很多人会抱怨"巧妇难为无米之炊",认为自己有见识、有能力,见到了商机却没有钱供自己支配,因而抱怨父母无能、社会不公平云云。但事实上,对于思维灵活的人而言,即使没钱他们也能"变"出钱来,"钱"并不是阻碍个人成功的大因素。

胡雪岩在事业的起步阶段,有很多钱都其实是"借"来的,他正是凭借着这种巧"借"与巧"补",解决了迫在眉睫的问题,不让问题成为死角。这是胡雪岩特有的一种"嫁接术"。

胡雪岩在湖州收到的生丝运到上海时,正值小刀会要在上海起事。小刀会占领了上海县城,不仅隔开了租界和上海县城之间的联系,也封锁了苏、松、太地区进出上海的通道,断绝了上海除海路之外与内地的一切联系。上海与外部交通断绝,上海市场生丝的来路也随之中断,仅存上年囤积的陈丝,而此时也传来消息,驻在上海的洋商由于战事在即,生意前途未卜,更加急于购进生丝以备急需。这在胡雪岩看来,无疑又是一个绝好的机会,因为如此一来,生丝销洋庄的价钱必然看好,完全可以乘此机会赚上一把。这一情况更坚定了胡雪岩要销洋庄的打算。

销洋庄，就是和洋人做生意。要做销洋庄的生意，第一步是要控制洋庄市场，垄断价格。要做好这一步，有两个办法：第一个办法是说服上海丝行同业联合起来，让预备销洋庄的丝客公议价格，彼此合作，共同对付洋人，迫使洋人就范。第二则是拿出一笔资金，在上海就地收丝，囤积起来，使洋人要买丝就必须找他，以达到垄断市场的目的。不过，就胡雪岩当时在上海生丝市场的地位来说，由于他的生意只是刚刚起步，在同行中的威信还有待建立，因此第一个办法不一定能够实施到理想的效果。而从生意运作的角度看，即使第一个办法能够凭着胡雪岩的影响力得以实现，他也应该采取通过在上海就地买丝的办法，尽可能多地为自己囤积一部分生丝。这既是控制市场、垄断价格的基础，也是使自己在实现了控制市场的设想、迫使洋人就范之后能够获得更大利润的条件。同时，生丝囤积量的增加也可以提高他在上海丝商中的地位，为联络上海同业的运作增加影响力。

　　不过，在上海就地买丝需要大量本钱。胡雪岩此时只有价值10万两的生丝存在上海裕记丝栈，而他的伙伴尤五为做漕帮粮食生意，向一个巨富借贷了10万两银子，这笔贷款在续转过一次之后又已到期，按常规已经不能再行续转，为还上这笔贷款，尤五最多只能筹集到70000两银子。如此算来，胡雪岩要在上海就地买丝可以说是没有一分钱的本钱。

　　胡雪岩用手头裕记丝栈开出的那张10万两银子的生丝的栈单"变"了一次戏法。首先将这一张栈单拿给这个巨富看，说是这位巨富的贷款已经可以归还，不过要等这批生丝脱手之后才能料理清楚，让他们将那笔 10 万两银子的贷款再转一期。有栈单为证，货又明明白白地摆在货栈里，他们必然相信而且放心，这样也就生出了 10 万头寸可供调用，先解决松江漕帮借款到期的问题。然后，可以将这张栈单再使用一次，用它来与洋行交涉，议定以裕记丝行的生丝做抵押，向洋行借款，这样也就把栈单变成了现银。洋行有栈单留存，不会不给贷款，而栈单也不会流入钱庄，这位巨富也不会知道栈单已经抵押出去了，戏法也就不会被揭穿。这样，10 万两银子也就做成了百万的生意。

这是一次典型的"八个坛子七个盖"。一张栈单，托了中外两家，一"转"一"亮"，就盖住了两个"坛子"，手法极其精到熟练。

在经济环境日益复杂、市场竞争日益激烈的今天，很多原本想要有一番作为的人望而退却了。他们虽胸怀大志，却荷包单薄，没有大资本去运作。于是，只能站在岸边望洋兴叹，时不待我，一文钱难倒英雄汉，等等。其实，不是时不待他们，而是他们的本事根本还没到家。他们怎么就没有想到去"借鸡生蛋"呢？别以为向人借东西很难，只要你借得巧妙，还是有很多人愿意慷慨解囊呢。举个例子说一下：

比如，你在年初借人家一只母鸡，到了年底这只鸡共计下了 120 个蛋，那么你在还鸡给人家的时候，就拿出 50 个蛋给人家作利息，刨除喂养这只鸡的 20 个蛋支出，那么你还能赚 50 个蛋，借你鸡的人也会很高兴，如果有下次，他还愿意把鸡借给你。但是，如果你不去借鸡，你会有这 50 个蛋吗？

读到这儿或许有人要问，人家一年能下 100 个蛋的鸡，为什么借你下蛋，自己只收 50 个蛋的利润呢？问得好，谁也不是傻子，怎么会白白给别人好处呢？理由就是，鸡的主人根本就不怎么会喂鸡，如果他自己来喂，最多就能下 30 个蛋。现在借给别人，不但不需要自己喂养，还多得了 20 个蛋，这样的好事，又何乐而不为呢？

其实，当今商界很多叱咤风云的人物在创业之初也没有多么雄厚的资本，而他们照样可以赢得大回报，其巧妙之处就在这个"借"字。其运用之妙，存乎于心，全靠个人的发挥和运用。

3

开放思维的门，挤出大脑里的豆腐渣

人生的危机随时会出现，处理得当与否，全在思维的积极与消极之中。倘若能燃亮思维的火花，挤出大脑里的豆腐渣，那么，光明的前景就会闪烁在眼前，人生也必然会在自信与热情中谱写得精彩美丽。

创意与人生

成功者说，他们之所以能够成功，与思维方法存在着莫大关系。

有人不信，去研究这些人成功的过程，结果发现，不论是流芳百世的开国领袖，还是叱咤风云的商业巨子，他们之所以取得最后的成功，根本原因在于他们几乎从年轻时代就都有一颗"不安分"的心，即这些人都有一个共同的思维特质——创造性思维。

其实在生命的某些阶段，所有人都曾有过对成功的憧憬。然而在生活实践的过程中，绝大多数人的价值观发生了改变。他们不再期待"创造多少价值"，而是衡量"犯了多少错误"，这种瞻前怕后的心态扼杀了他们本有的创造性，使之最终没能进入成功者的行列。

当然，谁都可以选择平常的生活，做平常的事情，但社会是在不断发展变化的。现今的就业形势告诉我们，企业越来越倾向于使用那些富有创造力的员工，你想生活得好一点，起码不能让自己表现得"呆若木鸡"。

　　如果你在思想上还没有堕落到得过且过的地步，那么就去思考那些实现成功人生的人们在思维上的非凡之处，找到他们的共通点，你会发现：

　　在他们身上总有一种驱动力，促使他们去探究未知世界的秘密。譬如别涅迪克被一只裂而不碎的烧瓶触发灵感，研制出了安全玻璃，对于科学的追求就是他的驱动力。

　　在他们心里总有一个方向，促使他们矢志不渝。譬如奥斯特始终坚信电与磁之间必然存在某种联系，于是他不厌其烦地开、关电源，最终发现了电磁互相转换的原理。

　　在他们眼中总能射出异常的光芒，不会忽视生活中任何一个异常的元素，他们会将这作为难得的机遇，深入研究，有所创造。譬如李维·施特劳斯在别人倾力淘金之时，发现了"耐磨的裤子"的商机，创造了"牛仔裤"，收获了名与利。

　　……

　　总结起来，他们的特点就是：跳出平庸，出奇制胜。这缘于他们拥有一颗善于洞察生活的大脑，无论在社会的哪一个领域里，那些思维独特的人，往往都是赢家。

　　其实你也可以这样，可以通过思维的丰富来指导自己，实现成功的人生。你需要这样做：

　　1.换位思考

　　绝大多数创造思想都源于思维角度的转变，视角的特别与否，决定了创造力的高低。你可以对进入视线的任何事物，尝试换个角度、换个方向进行想象，很可能就会有意想不到的

发现。

2. 同异思考

世间没有两片完全一样的树叶，事物之间既有相通之处，也必然有所差异。在头脑中思考它们的共同之处，从千变万化的复杂事物中找出共性和本质，顺着这根线，进一步分解事物的特性，多做比较，从而更好地分析不同之处。这种思考，将有助于我们发现事物的变化规律。

3. 拆分思考

在头脑中，将一个大问题分解成若干个小问题，对每一个问题都细细考察一遍。譬如在工作中，你可以将自己遇到的困难或障碍分解成十几个"为什么"，即"为什么会出现这些问题？"当你认真回答这些问题时，你就会有所领悟，找出突破口或开辟新天地。

4. 组合思考

组合也是一种创造，任何一件事物进入你的眼中，你都可以尝试赋予它更多的功能，看看是否可以整合不同的事物。比如，有位儿童商品生产商，偶然看见一个家长一手抱着孩子，一手吃力地拿着一辆小三轮车。他猜想是因为孩子骑车骑累了要大人抱，才出现了这种情况。这位生产商想，如果设计一种多用童车，家长们就不用受这份累了。他首先想象如何把坐式推车和三轮童车组合起来，再在小三轮童车的后面加上一个推把。后来，他又想到加一个连接装置，把童车挂在自行车上作母子车用；接着他又想到，再加一个摇动部分，便可当安乐椅；要是前面再装一个把手，还能让孩子当木马骑。经过这些不断地组合想象，他设计出了与众不同的"多用童车"。

根据认识和改造客观世界的需要，人们通过组合思考，可以使已知事物之间形成新的联系，构成见所未见、闻所未闻的事物形象。组合思考法在人类创新活动中作用巨大。

5. 艺术性思考

将进入你视线的、那些看似平凡无奇的事物赋予更多的艺术性或社会意义。比如，可口可乐给瓶子赋予女性曲线美，通过这种美学艺术，将简单的东西复杂化或将复杂的东西简单化，这就是一种创造力。

6. 逻辑性思考

对你生活和工作中遇到的各种问题，进行无拘无束的大胆想象。可以暂且不去考虑它的可操作性，先根据已有事实建立假说再说，然后寻找客观的支撑点，大胆推演，不断改进，无法获得支撑的细节，就用想象来填补。比如，假定你的某个设想是正确的，它必定会有很多衍生特征，我们可以分解它的这些特性进行验证。即使验证结果表明你的设想有误，那么至少我们可以在这个过程中得到很多正确信息，为日后的创意备好理论支持。

这个思考的关键是，一定要先有设想或假说，且不管成立不成立，有总比没有好。有了设想之后，就要不断推演、细化，这不但会令我们学到很多东西，也往往能够擦出我们创意的火花。

7. 哲学性思考

有些人对哲学嗤之以鼻，认为这东西学与不学无关紧要，其实这是一个误区，因为哲学影响的关键是你会不会用，或者你用了还不自知。哲学是归纳的结果，具有普世性，甚至可以说，我们每天都会做一些相对较浅的哲学性思考，只是你潜意识中并没有把自己的思想上升到哲学的高度上来。

学点哲学其实是有好处的，下意识地进行哲学性思考，往往能更深刻地理解事物的本质，触动灵感的迸发。比如写书、做编剧的人懂点哲学思想，就可以去思考生命现象中的哲学意义，并将其融入自己的作品，创造出别人想不到的精彩。

在美国电视剧《广告狂人》中，从尼采哲学的角度上看，主人公唐德雷柏是一个悲剧式的英雄。说他是英雄，因为他一直致力于技术革新、致力于创造，为了维护创新的价值观，他不惜将自己置身于文化规范的范围之外；而唐德雷柏的悲剧也在于此，他对传统思维的破坏，导致他与亲友、同事之间产生了间隙，他不得不过着秘密、孤独的生活。

这是一部非常有创意的影片，它从哲学的角度上揭露了人性的矛盾，譬如，大部分女性白天想做杰奎琳·肯尼迪，晚上想做玛丽莲·梦露，但她们绝不会自己承认，而我们的主人公唐德雷柏为了卖内衣，必须保持与这些潜意识的、受到压抑的冲动去接触。他虽然穿着得体，彬彬有礼，但必须定期潜入文化的潜意识中，推动其价值观的前进。社会的矛盾、人性的矛盾、创新的矛盾、生存的无奈在这里被揭露得淋漓尽致。

　　这部剧的片头动画运用了艺术与哲学相结合的创意：一位西装革履的男子从贴着广告的摩天大楼上坠下，给人们留下了深刻的冥想主题——他坠下是因为他的生命是一场悲剧。假如他转一下身，我们都会看到自己，我们都需要把创意带到生活中去。

跟风投资永远慢一拍

　　人们害怕冒风险所以更愿意跟随大多数人的意见。这可能是大部分人明哲保身的诀窍，中国还有那句老话"枪打出头鸟"，更从反面印证了不随大流的坏处。经济学里经常用"羊群效应"来描述个体的这种从众跟风心理。羊群是一种很散乱的组织，平时在一起也是盲目地左冲右撞，一旦有一只头羊动起来，其他的羊也会不假思索地一哄而上。中国的投资市场一直都存在着这种"羊群效应"——一个新兴事物，没有人投资的时候大家都不投资，因为心里不踏实，一旦有人出手了并赚了钱，就一窝蜂地去跟随。

　　从投资角度来讲，这种从众心理非常不可取。因为"跟风"的结果，只能是永远慢一拍，往往是高投入，却收益甚

少，因为大家都在做，市场已经接近饱和。更何况，还有些不良炒家利用各种手段设局炒作，有些盲从者往往会受到误导陷入骗局。

股神巴菲特对于这种现象给出了警告："在其他人都投了资的地方去投资，你是不会发财的！"这句话被称为"巴菲特定律"，是股神多年投资生涯后的经验总结。从20世纪60年代以廉价收购了濒临破产的伯克希尔公司开始，巴菲特创造了一个又一个的投资神话。有人计算过，如果在1956年，你的父母给你1万美元，并要求你和巴菲特共同投资，你的资金会获得27000多倍的惊人回报。

能取得如此辉煌的成就，正是得益于他所总结出的那条"巴菲特定律"。很多投资人士的成功，其实都是因为通晓这个道理。

美国淘金热时期，淘金者的生活条件异常艰苦，其中最痛苦的莫过于饮水匮乏。众人一边寻找金矿，一边发着牢骚。一人说："谁能够让我喝上一壶凉水，我情愿给他1块金币。"另一人马上接道："谁能够让我痛痛快快喝一回，傻子才不给他2块金币呢。"更有人甚至提出："我愿意出3块金币！！"

在一片牢骚声中，一位年轻人发现了机遇：如果将水卖给这些人喝，能比挖金矿赚到更多的钱。于是，年轻人毅然结束了淘金生涯，他用挖金矿的铁锹去挖水渠，然后将水运到山谷，卖给那些口渴难耐的淘金者。一同淘金的伙伴纷纷对其加以嘲笑——"放着挖金子、发大财的事情不做，却去捡这种蝇头小利"。后来，大多数淘金者均"满怀希望而去，充满失望而归"，甚至流落异乡、挨饿受冻，有家不得归。但那位年轻人的境况则大不相同，他在很短的时间内，凭借这种"蝇头小利"发了大财。

记住，每一个机会出现时，能把握住机会赚到大钱的只是少部分人。不赚钱的永远是大部分人，你跟着这大部分亏钱的投资人，焉有赚钱之理？所以，一定要眼光独到，要有自己的方向和规划，要做最早发现机会并成功的那一少部分人。

光明的去处，未必就是出路

美国康奈大学的威克教授做了一个有趣的实验：把 6 只蜜蜂和 6 只苍蝇装进同一个玻璃瓶中，然后将瓶子平放，让瓶底朝着明亮的窗户。接下来会发生什么情况呢？蜜蜂和苍蝇能够逃出瓶子吗？

你会看到，由于蜜蜂习惯向着光亮的方向飞行，因此，它们不停地想在瓶底上找到出口，一直到它们力竭倒毙或饿死；而苍蝇则会在很短的时间里，穿过另一端的瓶口逃逸一空。事实上，正是由于蜜蜂对光明的情有独钟才导致它们的灭亡。而那些苍蝇

则不管亮光还是黑暗，只顾四下乱飞，反而误打误撞找到了出口，获得了新生。

其实，人们的认知也常常跟蜜蜂犯一样的错误，总是认为出口的地方一定是光明的。然而就像蜜蜂面对玻璃这种超自然之物一样，这种出口在光明处的定律有时候反而是错误的。在我们追寻成功的路上，我们也不免要在黑暗中摸索。这时候，我们不要一味去光明处寻找出口，也要留意一下角落。

前 Google 中国区总裁李开复在攻读博士学位时，他的导师是语音识别系统领域里的专家罗杰·瑞迪。当时，人们普遍认为"人工智能"才是未来的方向，而导师正是这方面的专家，李开复跟他学习，有着很光明的前途。

但是，李开复却觉得用人工智能的办法研究语音识别没有前途。因为人工智能的办法就像让一个婴儿学习，但在计算机领域来说，"婴儿能够长大成人，机器却不能成长"。

于是，李开复没有跟着导师走，而是告诉罗杰·瑞迪，他对"人工智能"失去了信心，要使用统计的方法。导师是个很好的人，他说："我不同意你的看法，但我支持你的方法。"

于是，李开复开始了自己的摸索。他那时候每天工作大约 17 个小时，一直持续了大约 3 年半。通过努力，李开复把语音系统的识别率从原来的 40% 一下子提高到了 80%。罗杰·瑞迪惊喜万分，他把这个结果带到国际会议上，一下子引起了全世界语音研究界的轰动。

后来，李开复又将语音识别系统的识别率从 80% 提高到了

96%！直至李开复毕业以后多年，这个系统一直蝉联全美语音识别系统评比冠军。在人们都认为"人工智能"才是光明的出口的时候，李开复却留意着那个人迹罕至的角落，用统计学的方法找到了更美好的未来。

很多事情就是这样，在成功之前，谁也不知道哪一条路走得通，哪一条路走不通，谁也不知道哪个方向是通向出口的捷径。所以说，光明的地方，未必就一定通向成功，角落里的路，也未必不是终南捷径。

一家生产牙膏的美国公司有一年遇到了经营问题，每个月都维持同样的业绩，迟迟不能突破。公司的领导层非常不满意，董事长为此想了很多办法，但是情况始终没有改善。

后来董事长决定群策群力，于是他召集了全部管理层人员，以商讨对策，解决这个难题。

会议中，人们七嘴八舌，提出了很多办法。有人说，要加大宣传力度，在电视和报纸上做铺天盖地的广告。还有人说，要搞促销活动，提高消费者的忠诚度……

这些意见都被否决了，因为在此之前，董事长已经用过这些办法，并不奏效，公司能想到的几乎全都做了。

此时，有名年轻的经理站起来，对董事长说："我有一个办法，若您使用我的建议，一定能打开局面！"

老板非常开心地说："好，如果你的办法真的奏效，我马上签一张 10 万元的支票奖励你！"

"老板，我的建议只有一句话，"这位年轻的经理说，"将现

有的牙膏开口扩大一毫米！"

老板听完，马上签了一张 10 万元的支票给他。

其他人都把目光放在自己的公司上，提出了各种措施，以为这就是解决问题的方向。这位聪明的年轻经理却走向了另一个方向寻找出口，在消费者身上"打起了主意"。人们刷牙时，总喜欢按照一定的长度使用牙膏，却很少关心牙膏的直径。他的方法能使消费者每天多用 1 毫米的牙膏，这不起眼的 1 毫米其实是一个巨大的数字，这个办法显然能提高产品的销量。

思路决定出路，当事情无法解决时，我们不妨试着离开原先的方向，换个角度想问题，说不定难题就会迎刃而解，而成功则不期而至。

敢于异想就能天开

大多数创意，都是一个人在经历了几番胡思乱想以后迸发出来的灵感。这世上最有价值的是人的思维，是你想出的点子。不要怕自己的想法异想天开，不要怕别人说自己是胡思乱想，要知道，有时候，胡思乱想也能想出好点子。

胡思乱想是一种创新型的思维，世界巨富比尔·盖茨认为，可持续竞争的唯一优势来自超过竞争对手的创新力！创新力如何体现？那就是想出超出常规的好点子。只有创新思维，只有敢胡思乱想，才能解决生活中不断出现的新问题，才能产生领先别人一步的灵感。

众所周知，电脑键盘一般是用塑料制作的，不过，在江西有这样一个人，他居然要用竹子做键盘卖。身边的人都说他脑子出问题了，但最终，他真的做出了竹子键盘，并且每年都有数百万元的收入。

这个人叫冯绪泉，他的父亲是一名篾匠，所以冯绪泉小时候也学过这门手艺。师大毕业以后，冯绪泉当过一段时间的老师，而后开始了将近十年的打工生活。最后，他和妻子来到深圳一家竹地板厂。

一天，同学张建军来找冯绪泉叙旧。当时张建军在深圳一家生产电脑配件的科技公司做研发员。聊着聊着，张建军开始向冯绪泉诉苦，说老板批评他开发设计的电脑键盘、音箱等没有新意。

张建军的话像一道闪电般照亮了冯绪泉的大脑，一个大胆的念头涌上心头：可不可以用竹子来做电脑键盘呢？这可绝对是前无古人的。

张建军听后认为这个想法很荒唐，在他看来，首先，竹子不可能做成键盘？就算做成了，这样的键盘也太笨重。可冯绪泉却把这事放在心里了。当天晚上，他就去买了个键盘，然后认真拆开，仔细研究键盘的原理。午夜梦醒，他又爬起来琢磨。

而后，他用了十几个晚上的时间制作出一个键盘框架。谁承想，这个辛苦做出的键盘框架根本不经摔，一不小心掉地上就碎成几块，冯绪泉反复实验了几次结果都是如此，这让他很受打击。

　　不过，"倔强"的冯绪泉并未就此放弃，几个月后，他作出一个惊人的决定：辞职回老家专门研究制作竹键盘！可是转眼半年过去，还是一点成果也没有。这个时候，家里已经捉襟见肘了，他不得不放弃竹键盘的研发，进了县城一家竹业公司打工。

　　谁想到机会就这样来了。这家公司的老板想把竹产业做大，号召全体员工群策群力，研发出附加值高的竹产品。冯绪泉的眼前一亮。

　　他把之前自己制作的一个竹键盘模型拿给了老板，老板看后颇有兴趣，当即让他牵头成立了一个研发小组，并保证在实验场地、机械设备、技术助手等方面给他提供足够的支持。

　　冯绪泉和他的助手们开始刻苦钻研，他们首先要解决的就是竹键盘的抗摔问题。功夫不负苦心人，在经过几个月的不懈努力、摔坏很多个竹键盘模型以后，他们终于研制成了稳固性和坚硬度都与塑料键盘不相上下的竹键盘。

　　接下来，他们给竹键盘安装了电子线路板，这样它就能和塑料键盘一样正常使用了。他还给这项技术申请了国家专利。这种竹键盘一上市即受到白领和学生的欢迎，随后便远销到国外。后来他们又开发出了竹鼠标、竹U盘、竹子做的电脑主机、竹显示器外壳。这项研发给冯绪泉带来了丰厚的回报，仅仅一年多的时间，他的个人净资产就达到了 500 多万，一家人的命运就此彻底改变！

这个点子无疑是非常"雷人"的，然而无疑也是非常成功的。把那些别人想都想不到，或者说想都不敢想的事情，变成了实实在在的现实，这不能不说是创新思维的空前胜利。

所以说，不要怕自己的胡思乱想。创造性思维是上天赋予人类最宝贵的财富，我们应该好好利用。不要墨守成规，其实，我们每个人的心中都关着一个等待被释放的思维精灵。把你的胡思乱想勇敢地发掘出来，让它成为伴你成功的灵感吧。

当人们都寻找事物的共性时，
我们去寻找它的个性

当人们都去寻找事物的共性时，我们试着去寻找它的个性，用逆向思维思考问题，你所擦亮的一个小小的思维火花，可能就蕴含着无限胜机。

逆向思维缘起于求异思维，是人们在头脑中对司空见惯的、似乎已成定论的事物或观点，进行反向思考的一种思维方

式。它的特点是"反其道而思之"，让思维向对立的方向发展，从问题反方向进行深层次探索，这或许更能使问题简单化、新颖化。

当然，这种思维思考也有它特定的条件：

1. 必须对所面对的事物或问题有深入的了解，譬如，与其相关的知识、已知的客观条件，等等，没有这个前提，你就不可能进行反向思考。

2. 必须尊重客观规律，而不能主观臆想。要知道，逆向思维可不是要你任何事都与客观事实对着干。

逆向思维的运用是一种独特做事方法的体现，它既是一种创新，又是一种对常规的破坏。当然，这种"破坏"不表现在对人情和风气习惯上，而是表现在能落实到具体事物的常规思维上。新的思路往往能在常规事物之外找到突破口。

沃尔是一家大公司的总裁。有一次他的儿子被绑架了，绑匪索要200万美元的赎金。

夫妻俩再三考虑，还是决定报警。然而，绑匪好像非常熟悉警方的侦查手法，对警方的行动都能预料到，因此警方始终无法救出沃尔的小孩。经过几天的煎熬，沃尔决定答应绑匪的要求，让自己的孩子能够平安回来。

很多媒体都在报道这件事，还分析说："从过去的案件来看，即使绑匪得到了赎金，也很可能会杀掉人质。"

这时，沃尔想："既然这样，我何不把这笔赎金变成赏金，让全市的人来帮我救小孩。重赏之下必有勇夫，也许我的小孩获救的概率会更大一些。"

打定主意之后，他就直奔电视台，在电视上公开向大众宣布："只要谁能帮我救出我孩子，我愿意付他300万美元。"

沃尔这一举动，大大出乎众人意料之外。尤其是绑架沃尔小孩的绑匪，更是不知所措。

有的绑匪认为，沃尔现在把赎金变赏金，不如把小孩送回去，并假装是救出小孩的英雄，就可以多拿到100万，而绑匪的头儿却坚持反对这样做。这样一来，匪徒内部出现了争执，最终升级成内斗，他们的打斗惊动了附近的邻居，有人报了警。

警方到达现场以后发现这些歹徒竟然就是这起绑架案的绑匪，他们没费多大力气就制伏了两败俱伤的绑匪，成功地救出了小孩。

人们习惯按常规方法做事，结果有时根本无法获得自己想要的结果。把赎金变赏金这一做法，彻底颠覆了人们的正常思维，但打破常规，不按常理出牌，有时却能闯出一条成功的路来。

直路走不通，就试着绕个弯

人生如登山，从山脚到山顶往往没有一条直路。为了登上山顶，人们需要避开悬崖峭壁，绕过山涧小溪，绕道而行。这样看似乎与原来的目标背道而驰，可实际上能够到达山顶。

当我们在生活中遇到没有直路可走的情况时，不妨回过头来，找一条弯道，或许，绕过去便可以找到一条新路了。天无绝人之路，我们之所以会往往感到走不通，那是因为我们自己的思路狭隘，缺乏"绕道"的意识。

弗兰克·贝特克是美国著名的推销员，他曾经使一个不近人情的老人捐出了一笔巨款。

有一次，人们为筹建新教会进行募捐活动，有人想去向当地的首富求助。但是一位过去曾找过他却碰了一鼻子灰的人说："到目前为止，我接触过不计其数的人，可是从未见过一个像那老头那样拒人千里之外的。"

这个老富翁的独生子被歹徒杀害了，老人发誓说一定要用余生寻找仇敌，为儿子报仇。可是很长一段时间过去了，他却一点线索也没有找到。伤心之余，老人决定与世隔绝，于是他把跟所有人的联系都切断了。他闭门不出的日子已经持续了将近一年。

弗兰克了解了这些情况之后，自告奋勇要去找那老人试一试。第二天早晨，弗兰克按响了那栋豪宅的门铃。过了很长时间，一位满面忧伤的老人才出现在大门口。"你是谁？有什么事？"老人问。

"我是您的邻居。您肯让我跟您谈几分钟吗？"弗兰克说，"是有关您儿子的事。"

"那你进来吧。"老人有些激动。

弗兰克小心翼翼地在老人的书房坐下，提起了话头。

"我理解您此时巨大的痛苦。我也跟您一样，只有一个独生子，他曾经走失过，我们两天多都没有找到他，我可以想象得到您现在有多么悲伤。我知道您一定非常爱您的儿子，我深切同情您的遭遇。为了让我们都记住您的儿子，我想请您以您儿子的名义，为我们新建的教会捐赠一些彩色玻璃窗，在那些美丽的玻璃窗上我们会刻上您儿子的名字，不知您……"

听到弗兰克恭敬而暖心的话语，老人似乎显得有些心动，于是就反问道："做那些窗户大约需要多少钱？"

"到底需要多少，我也说不清楚，只要您捐赠您乐意捐赠的数目就可以了。"

走的时候，弗兰克怀揣着5000美金的支票，这在当时是一笔惊人的巨款。

为什么别人都碰钉子的事情，弗兰克却能够如愿以偿？弗兰

克说了这么一段话："我去找那位老人不是为了他的捐助，我是想让那位老人重新感受到人们的温暖，我想用他的儿子唤醒他的爱心。"弗兰克知道开门见山地直接和富翁谈募捐是行不通的，因此，他就绕了一个弯子，用一种感人方式，得到了富翁的认可。不仅得到了别人梦寐以求的捐助，更使富翁感受到了人间的温暖和关爱，使他走出了心灵的阴霾，这种思维方式是值得我们学习的。

人的一生，有许多事是不以自己的意志为转移的，会遇到很多波折和障碍。理想与现实的距离有时很大，大到即使你付出了全部努力，也不能保证成功。这种情况，我们也应该学会转弯，不要吊死在一棵树上，条条大路通罗马，我们转个弯换条路试试。

生活的智慧，大抵在于逢事问个为什么

要创新，就必须对前人的想法加以怀疑。从前人的定论中，提出自己的疑问，才能够发现前人的不足之处，才能够产生自己的新观点。世界上很多功业都源于"疑问"，质疑便是开启创意之门的钥匙。

认清这一点对做学问的人来说尤为重要。我们来看看"学问"这个词，它所表达的意思就是"多学多问"，就是要善于发现问题，然后才能通过努力解决问题，这样，学问才能有所进步。

一位大师弥留之际，他的弟子都来到病榻前，与他诀别。弟子们站在大师的面前，最优秀的学生站在最前边，在大师的头部，最笨的学生就排到了大师的脚边。大师气息越来越弱，最优秀的学生俯下身，轻声问大师："先生，您即将离开我们，能否请您以最简洁的话告诉我们，人生的真谛是什么？"

大师酝酿了一点力气，微微抬起头，喘息着说："人生就像一条河。"

第一位弟子转向第二聪明的弟子，轻声说："先生说了，人生就像一条河。向下传。"第二聪明的弟子又转向下一位弟子说："先生说了，人生就像一条河。向下传。"这样，大师的箴言就在弟子间一个接着一个地传下去，一直传到床脚边那个最笨的弟子那里，他开口说："先生为什么说'人生就像一条河'？这是什么意思呢？"

他的问题被传回去："那个笨蛋想知道，先生为什么说人生像一条河？"

最优秀的弟子打住了这个问题。他说："我不想用这样的问题去打扰先生。道理很清楚：河水深沉，人生意义深邃；河流曲折转弯，人生坎坷多变；河水时清时浊，人生时明时暗。把这些话传给那个笨蛋。"

这个答案在弟子中间一个接着一个传下去，最后传给了那个笨弟子。但是他还坚持提问："听着，我不想知道那个聪明的家伙认为先生这句话是什么意思，我想知道先生自己的本意是什么。'人生就像一条河'，先生说这句话，到底要表达什么意思？"

因此，这个笨弟子的问题又被传回去了。

那个最聪明的学生极不耐烦地再俯下身去，对弥留之际的大师说："先生，请原谅，您最笨的弟子要我请教您：'您说人生就像一条河，到底是什么意思？'"

学问渊博的大师使出最后一点力气，抬起头说："那好，人生不像一条河。"说完，他双目一闭，与世长辞了。

这个故事说明了什么呢？

如果那个"笨学生"没有提出疑问，又或者大师在回答之前死去，他的那句"人生就像一条河"，也许就会被奉为深奥的人生哲学，他的忠实门生们会将这句话传遍天下，可能有人也会以此为题著书、拍电视，等等。但大师的本意是什么？无从得知。

或许我们可以做这样的猜想：大师在生命的最后时刻想要告诉学生——真理与空言之间往往没有多大的差异。在接受别人所谓的箴言或者板上钉钉的道理时，要在头脑中多想想"为什么"，不要怕提出"愚蠢"的问题，也不要被专家们吓到，质疑是每个人所拥有的权利，也是人类进步的助推器。如果没有质疑，我们看不到达尔文的"人猿同祖论"，看不到哥白尼的"日心说"，我们可能还生活在万恶的旧社会。

遗憾的是，现在的很多人并不善于质疑，更不善于发现，他们拘泥于书本上的内容，完全地照本宣科，凡是书本上说的，就是正确的，凡是权威人士认定的，就绝不会有错。事实上，这些人不可能做出什么有创意的事情，而且若是这样的人多了，人类的文明也就会停滞不前。

从哲学的角度上说，办任何事情都没有一定之规，人生要的就是突破，突破过去就是成功。只是我们之中很多人在处理问题时，习惯性地按照常规思维去思考，一味固守传统、不求创新、不敢怀疑，所以往往会走入人生的死胡同。

我们要做到不固守成法，就要敏于生疑、敢于存疑、能于质疑，并由此打破常规、推陈出新。当然，推陈出新必然会存在风险，因而，我们应允许自己犯错误，并从错误中汲取经验、教训，不介意弥补自己的不足。不过，不固守成法也并不意味盲目冒险，做任何创新性举动之前，我们都应做好充分的评估与精确的判断，将危险成本控制在合理的范畴之内，使变通产生最好的效果。

创新

　　圣地亚哥的艾尔·柯齐酒店因为电梯不敷使用，因而请来了诸多专家商量对策。经过一番研商后。专家们一致认为，要多添一部电梯，最好的办法是每层楼打一个大洞，地下室多装一个马达。定案之后，那两位专家到前厅坐下来商谈细节问题。恰巧让一位正在扫地的清洁工听到他们的计划。

　　清洁工对他们说："每层楼都打个大洞，不是会弄得乱七八糟，到处尘土飞扬吗？"

　　工程师答道："这是很难免的。到时候还有劳你多多帮忙。"

　　清洁工又说："我看，你们动工时最好把酒店关闭一段时间。"

　　"关不得，你关门一段时间，别人还以为倒闭了。所以，我们打算一面动工，一面继续营业。不多添一部电梯，酒店以后也很难做下去。"

　　清洁工挺直腰杆，双手握住拖把柄，说道："如果我是你的话，我会把电梯装在酒店外头。"两位专家一听到这个建议，眼前为之一亮。于是听从了清洁工的建议，率先创造了近代建筑史上的新纪录——把电梯装在室外。一个颇负创意的点子，为商家省了大把大把的钱。

记得著名电影演员唐国强曾经说过这样的话："只要你自己不把你打倒，别人永远不会把你打倒。最后一刻你坚持下来，你可能就成功了。你放弃了，你就完了。"正如《士兵突击》里钢七连的"不放弃，不抛弃"精神一样。所以关键是要以一种积极的心态去面对。不要浪费时间去为已经无法改变的事情担忧，因为忧愁对事情毫无助益。分析眼前的情况并寻求解决的办法更加重要。